生产安全事故隐患档案卡

侯占杰　编

U0197788

团结出版社

图书在版编目（CIP）数据

生产安全事故隐患档案卡 / 侯占杰编 . -- 北京：
团结出版社，2017.1
ISBN 978-7-5126-4917-0

Ⅰ . ①生… Ⅱ . ①侯… Ⅲ . ①安全生产－生产管理－
教材 Ⅳ . ① X92

中国版本图书馆 CIP 数据核字（2017）第 023843 号

出　　版：团结出版社
　　　　　（北京市东城区东皇城根南街 84 号 邮编：100006）
电　　话：（010）65228880 65244790（出版社）
　　　　　（010）87952246 87952248（发　行）
网　　址：www.tjpress.com
E-mail：65244790@163.com
经　　销：全国新华书店
印　　刷：北京嘉实印刷有限公司

开　　本：850×1168　　1/32
字　　数：128 千字
版　　次：2017 年 2 月第 1 版
印　　次：2017 年 2 月第 1 次印刷

书　　号：978-7-5126-4917-0
定　　价：39.00 元
　　　　　（版权所有，盗版必究）

前　言

　　为了提高安全生产监督管理效率，及时发现企业生产经营中存在的不安全因素和事故隐患，减少和避免重特大事故的发生，确保人民生命和财产安全，在总结安全生产检查经验教训的基础上，针对各类生产经营单位的实际情况，编写了本书。

　　本书力图以简明扼要的方式，结合企业生产安全事故防范具体特点，依据国家有关法律、法规和标准，针对一些企业安全生产薄弱环节，精心挑选了相关的安全检查内容及法规要求，汇总了当前安全检查及安全监督管理实践一线的各类生产安全事故隐患，包括电气类、消防类、危险化学品类、焊接与热切割类、建筑施工类、制造加工类、其他类。

　　本书采用档案卡片的形式，以生产经营单位存在事故隐患的现场实图为主要元素，对事故隐患及援引依据进行了说明，并叙述了隐患的主要危害，提出了相应的整改措施。

　　本书是安全生产检查的工具书，主要适用于各级安全生产监督管理人员对生产经营单位的执法监督检查，同时也适用于生产经营单位安全管理人员在企业内部或之间开展的安全检查。

　　希望本书对提高国内企业的安全管理水平，降低生产安全事故损失，提高企业的社会经济效益起到一定的作用。

　　本书在编审的过程中，得到了中安华邦（北京）安全生产技术研究院的大力支持和帮助。在此，表示最真挚的感谢！

　　由于笔者水平有限，书中不妥之处，敬请广大读者批评指正。

侯硅

2017 年 2 月于北京

目录
CONTENS

第一篇

电 气 类

NO.D001 带电体外露（一）

生产安全事故隐患档案卡		
隐患描述	拉线开关缺失保护罩	援引依据
隐患类型	用电安全	《低压配电设计规范》（GB 50054-2011）5.1.1 带电部分应全部用绝缘层覆盖，其绝缘层应能长期承受在运行中遇到的机械、化学、电气及热的各种不利影响
	主要危害	整改措施
	容易发生触电或电路短路	限期整改更换完好拉线开关

NO.D002 带电体外露（二）

生产安全事故隐患档案卡		
隐患描述	带电体外露	援引依据
隐患类型	用电安全	《低压配电设计规范》（GB 50054-2011）5.1.1 带电部分应全部用绝缘层覆盖，其绝缘层应能长期承受在运行中遇到的机械、化学、电气及热的各种不利影响
	主要危害	整改措施
	容易发生触电或电路短路	限期整改安装保护罩

NO.D003 电缆受热危害

生产安全事故隐患档案卡

隐患描述	电缆布置在油烟排出口上方	援引依据	
隐患类型	用电安全	《低压配电设计规范》（GB 50054-2011）5.1.1 带电部分应全部用绝缘层覆盖，其绝缘层应能长期承受在运行中遇到的机械、化学、电气及热的各种不利影响	
		主要危害	整改措施
		容易发生短路，甚至引发火灾	限期整改重新布置线路

NO.D004 电缆穿墙空隙未封堵（一）

生产安全事故隐患档案卡

隐患描述	电线穿墙空隙未封堵	援引依据	
隐患类型	用电安全	《低压配电设计规范》（GB 50054-2011）7.1.5 布线系统通过地板、墙壁、屋顶、天花板、隔墙等建筑构件时，其孔隙应按等同建筑构件耐火等级的规定封堵	
		主要危害	整改措施
		产生漏电和触电安全隐患	立即整改按规定将空隙进行封堵

NO.D005 电缆穿墙空隙未封堵（二）

生产安全事故隐患档案卡

隐患描述	电线穿墙空隙未封堵	援引依据	
隐患类型	用电安全	《低压配电设计规范》（GB 50054-2011） 7.1.5 布线系统通过地板、墙壁、屋顶、天花板、隔墙等建筑构件时，其孔隙应按等同建筑构件耐火等级的规定封堵	
		主要危害	整改措施
		产生漏电和触电安全隐患	立即整改 按规定将空隙进行封堵

NO.D006 未使用护套绝缘导线

生产安全事故隐患档案卡

隐患描述	未采用护套绝缘导线	援引依据	
隐患类型	用电安全	《低压配电设计规范》（GB 50054-2011） 7.2.1 直敷布线应采用护套绝缘导线，其截面积不宜大于 6 mm²	
		主要危害	整改措施
		容易发生电路短路	限期整改 更换为护套绝缘导线

NO.D007 电缆缺少导管保护

生产安全事故隐患档案卡		
隐患描述	电线垂直敷设没有导管保护	援引依据
隐患类型	用电安全	《低压配电设计规范》（GB 50054–2011）7.2.1 当导线垂直敷设时，距离地面低于1.8 m 段的导线，应用导管保护
		主要危害 / 整改措施
	不能防护对电缆的机械伤害	限期整改 按规定加装导管

NO.D008 电缆离地近（一）

生产安全事故隐患档案卡		
隐患描述	护套导线距离地面较近	援引依据
隐患类型	用电安全	《低压配电设计规范》（GB 50054–2011）7.2.1 护套绝缘导线距离地面最小距离，垂直敷设：室内 1.8 m
		主要危害 / 整改措施
	产生漏电和触电安全隐患	限期整改 按规定重新布置导线

NO.D009 电缆离地近（二）

生产安全事故隐患档案卡

隐患描述	护套导线距离地面较近	援引依据	
隐患类型	用电安全	《低压配电设计规范》（GB 50054-2011）7.2.1 护套绝缘导线距离地面最小距离，水平敷设：室内 2.5 m	
		主要危害	整改措施
		产生漏电和触电安全隐患	限期整改 按规定重新布置导线

NO.D010 电缆离地近（三）

生产安全事故隐患档案卡

隐患描述	护套导线距离地面较近	援引依据	
隐患类型	用电安全	《低压配电设计规范》（GB 50054-2011）7.2.1 护套绝缘导线距离地面最小距离，水平敷设：室内 2.5 m	
		主要危害	整改措施
		产生漏电和触电安全隐患	限期整改 按规定重新布置导线

NO.D011 电缆埋入顶棚

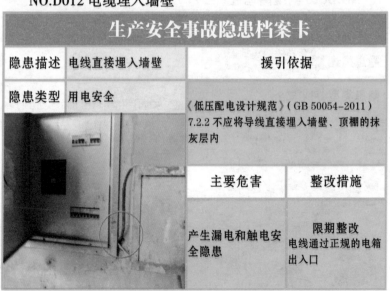

生产安全事故隐患档案卡		
隐患描述	电线直接埋入顶棚	援引依据
隐患类型	用电安全	《低压配电设计规范》（GB 50054-2011） 7.2.1 不应将导线直接埋入墙壁、顶棚的抹灰层内
	主要危害	整改措施
	容易引发火灾	限期整改 将电线布置在顶棚外

NO.D012 电缆埋入墙壁

生产安全事故隐患档案卡		
隐患描述	电线直接埋入墙壁	援引依据
隐患类型	用电安全	《低压配电设计规范》（GB 50054-2011） 7.2.2 不应将导线直接埋入墙壁、顶棚的抹灰层内
	主要危害	整改措施
	产生漏电和触电安全隐患	限期整改 电线通过正规的电箱出入口

NO.D013 腐蚀场所使用金属布线

生产安全事故隐患档案卡		
隐患描述	严重腐蚀场所使用金属布线	援引依据
隐患类型	用电安全	《低压配电设计规范》（GB 50054-2011）7.2.7 对金属导管、金属槽盒有严重腐蚀的场所，不宜采用金属导管、金属槽盒布线
	主要危害	整改措施
	产生漏电和触电安全隐患	限期整改改为 pvc 导管布线

NO.D014 闷顶布线没有使用导管

生产安全事故隐患档案卡		
隐患描述	没有采用导管布线	援引依据
隐患类型	用电安全	《低压配电设计规范》（GB 50054-2011）7.2.8 在建筑物闷顶内有可燃物时，应采用金属导管、金属槽盒布线
	主要危害	整改措施
	容易发生短路，甚至引发火灾	限期整改使用金属导管、槽盒布线

NO.D015 电缆离热水管近（一）

生产安全事故隐患档案卡		
隐患描述	导线距离热水管路较近	援引依据
隐患类型	用电安全	《低压配电设计规范》（GB 50054-2011）7.2.11 金属导管和金属槽盒敷设在热水管下方时，不宜小于 0.2 m；在上方时，不宜小于 0.3 m

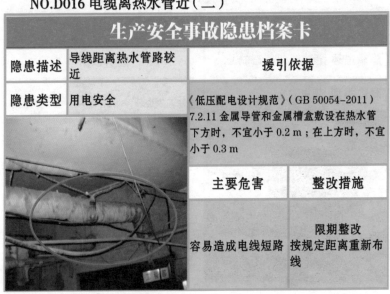

主要危害	整改措施
容易造成电线短路	限期整改 按规定距离重新布线

NO.D016 电缆离热水管近（二）

生产安全事故隐患档案卡		
隐患描述	导线距离热水管路较近	援引依据
隐患类型	用电安全	《低压配电设计规范》（GB 50054-2011）7.2.11 金属导管和金属槽盒敷设在热水管下方时，不宜小于 0.2 m；在上方时，不宜小于 0.3 m
		主要危害 整改措施
		容易造成电线短路 限期整改 按规定距离重新布线

NO.D017 金属槽盒内有电缆接头

生产安全事故隐患档案卡

隐患描述	盒内有电线接头	援引依据	
隐患类型	用电安全	《低压配电设计规范》（GB 50054-2011） 7.2.16 除专用接线盒内外，导线在金属槽盒内不应有接头	
		主要危害	整改措施
		容易造成电缆损坏	限期整改 将接头移到盒外

NO.D018 槽盒引出电缆缺少防护装置

生产安全事故隐患档案卡

隐患描述	引出部分缺少防护装置	援引依据	
隐患类型	用电安全	《低压配电设计规范》（GB 50054-2011） 7.2.20 由金属槽盒引出的线路，可采用金属导管、塑料导管、可弯曲金属导管、金属软导管或电缆等布线方式。导线在引出部分应有防止损伤的措施	
		主要危害	整改措施
		容易造成电线损坏	限期整改 按规定加装防护装置

NO.D019 电缆暴晒

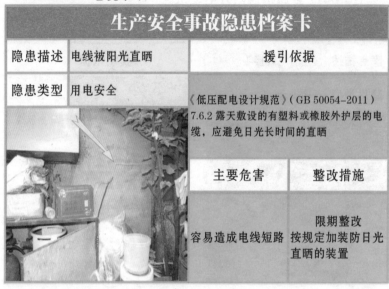

生产安全事故隐患档案卡			
隐患描述	电线被阳光直晒	援引依据	
隐患类型	用电安全	《低压配电设计规范》（GB 50054-2011）7.6.2 露天敷设的有塑料或橡胶外护层的电缆，应避免日光长时间的直晒	
		主要危害	整改措施
		容易造成电线短路	限期整改 按规定加装防日光直晒的装置

NO.D020 电缆与燃气管道同隧道

生产安全事故隐患档案卡			
隐患描述	电线与燃气管道同隧道敷设	援引依据	
隐患类型	用电安全	《低压配电设计规范》（GB 50054-2011）7.6.4 电缆不应在有易燃、易爆及可燃的气体管道或液体管道的隧道或沟道内敷设	
		主要危害	整改措施
		容易发生燃气爆炸事故	立即整改 电线与燃气管道分隧道敷设

NO.D021 电缆间距不足（一）

生产安全事故隐患档案卡

隐患描述	并列明敷电缆间距不足	援引依据	
隐患类型	用电安全	《低压配电设计规范》（GB 50054-2011）7.6.9 屋内相同电压的电缆并列明敷时，除敷设在托盘、梯架和槽盒内外，电缆之间的净距不应小于 35 mm，且不应小于电缆外径	

主要危害	整改措施
容易发生电缆短路	限期整改采取暗敷或扩大两电缆间距

NO.D022 电缆间距不足（二）

生产安全事故隐患档案卡

隐患描述	并列明敷电缆间距不足	援引依据	
隐患类型	用电安全	《低压配电设计规范》（GB 50054-2011）7.6.9 屋内相同电压的电缆并列明敷时，除敷设在托盘、梯架和槽盒内外，电缆之间的净距不应小于 35 mm，且不应小于电缆外径	

主要危害	整改措施
容易发生电缆短路	限期整改采取暗敷或扩大两电缆间距

NO.D023 穿墙电缆缺少导管保护

生产安全事故隐患档案卡

隐患描述	缺少导管保护	援引依据	
隐患类型	用电安全	《低压配电设计规范》（GB 50054-2011）7.6.38 电缆通过墙体时应穿管保护，穿管内径不应小于电缆外径的 1.5 倍	
		主要危害	整改措施
		容易发生电缆短路	限期整改 按规定加穿管保护

NO.D024 穿地电缆缺少导管保护

生产安全事故隐患档案卡

隐患描述	缺少导管保护	援引依据	
隐患类型	用电安全	《低压配电设计规范》（GB 50054-2011）7.6.38 电缆通过构筑物基础时应穿管保护，穿管内径不应小于电缆外径的 1.5 倍	
		主要危害	整改措施
		电缆绝缘套容易被杂物损坏	限期整改 按规定进行穿管保护

NO.D025 使用非橡皮绝缘软线

生产安全事故隐患档案卡

隐患描述	未采用橡皮绝缘软线或电缆	援引依据
隐患类型	用电安全	《国家电气设备安全技术规范》（GB 19517–2009）2.4.1 电气设备必须设置电源联接装置。电源线应选用橡皮绝缘软线或软电缆，或聚氯乙烯绝缘软电缆

主要危害	整改措施
容易发生电缆短路	限期整改 更换符合规定的电缆

NO.D026 插座未固定

生产安全事故隐患档案卡

隐患描述	插座未固定	援引依据
隐患类型	用电安全	《国家电气设备安全技术规范》（GB 19517–2009）2.4.4 电气设备的电气联接、机械联接和既是电气联接又是机械联接的联接件、装置、连接器、端子、导体等必须可靠锁定

主要危害	整改措施
容易发生电缆短路	立即整改 将插座进行可靠固定

NO.D027 电箱缺少电气设备标志

生产安全事故隐患档案卡			
隐患描述	缺少标志	援引依据	
隐患类型	用电安全	《国家电气设备安全技术规范》(GB 19517–2009)2.7 标志是电气设备必要的组成部分。识别必须使用中文，并清晰、持久地标记在产品上	
		主要危害	整改措施
		不利于使用	立即整改 按规定设置标志

NO.D028 电箱缺少标志

生产安全事故隐患档案卡			
隐患描述	缺少铭牌、标志	援引依据	
隐患类型	用电安全	《用电安全导则》(GB/T 13869–2008)5.2 用电产品应具有符合规定的铭牌或标志，以满足安装、使用和维护的要求	
		主要危害	整改措施
		不利于操作	立即整改 按规定设置铭牌、标志

16

NO.D029 电缆周围有易燃易爆品

生产安全事故隐患档案卡		
隐患描述	电线周围有易燃易爆品	援引依据
隐患类型	用电安全	《用电安全导则》（GB/T 13869-2008）6.5 一般环境下，用电产品以及电气线路的周围不应堆放易燃、易爆和腐蚀性物品
		主要危害
		整改措施
	容易发生火灾、爆炸事故	立即整改 移走易燃易爆和腐蚀性物品

NO.D030 电箱外有杂物

生产安全事故隐患档案卡		
隐患描述	电箱外堆有杂物	援引依据
隐患类型	场所环境	《用电安全导则》（GB/T 13869-2008）6.5 一般环境下，用电产品以及电气线路的周围应留有足够的安全通道和操作空间
		主要危害
		整改措施
	不利于人员操作	立即整改 清理杂物

NO.D031 插座附近有杂物

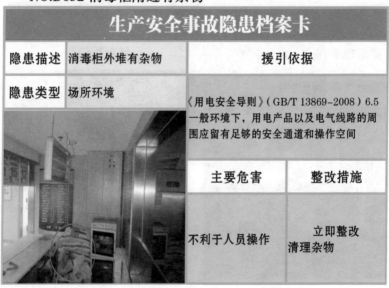

生产安全事故隐患档案卡		
隐患描述 电源插座外堆有杂物	**援引依据**	
隐患类型 场所环境	《用电安全导则》（GB/T 13869–2008）6.5 一般环境下，用电产品以及电气线路的周围应留有足够的安全通道和操作空间	
	主要危害	**整改措施**
	不利于人员操作	立即整改 清理杂物

NO.D032 消毒柜附近有杂物

生产安全事故隐患档案卡		
隐患描述 消毒柜外堆有杂物	**援引依据**	
隐患类型 场所环境	《用电安全导则》（GB/T 13869–2008）6.5 一般环境下，用电产品以及电气线路的周围应留有足够的安全通道和操作空间	
	主要危害	**整改措施**
	不利于人员操作	立即整改 清理杂物

NO.D033 工作中性线接地

生产安全事故隐患档案卡

隐患描述	工作中性线接地	援引依据	
隐患类型	用电安全	《用电安全导则》（GB/T 13869-2008）6.12 禁止利用大地作为工作中性线	
		主要危害	整改措施
		产生漏电和触电安全隐患	立即整改 按规定进行整改

NO.D034 保护接地线缠绕连接

生产安全事故隐患档案卡

隐患描述	保护接地线缠绕连接	援引依据	
隐患类型	用电安全	《用电安全导则》（GB/T 13869-2008）6.13 保护接地线应采用焊接、压接、螺栓连接或其他可靠方法连接，严禁缠绕或挂钩	
		主要危害	整改措施
		容易脱落造成保护接地失效	立即整改 采用焊接、压接、螺栓连接等可靠方法

NO.D035 接地线作他用

生产安全事故隐患档案卡		
隐患描述	黄绿双色线作为其他使用	援引依据
隐患类型	用电安全	《用电安全导则》（GB/T 13869-2008）6.13 电缆（线）中的绿/黄双色线在任何情况下只能作为保护接地线
		主要危害	整改措施
		不利于对接地线辨认	立即整改 更换为其他符合规定的电线

NO.D036 电线直接插入插座

生产安全事故隐患档案卡		
隐患描述	没有使用插头	援引依据
隐患类型	用电安全	《用电安全导则》（GB/T 13869-2008）6.16 插头与插座应按规定正确接线
		主要危害	整改措施
		容易发生触电危险	立即整改 使用插头与插座连接

NO.D037 插头接多根线

生产安全事故隐患档案卡		
隐患描述	插头接线不正规	援引依据
隐患类型	用电安全	《用电安全导则》（GB/T 13869-2008）6.16 插头与插座应按规定正确接线
		主要危害 · 整改措施
		容易发生触电危险 · 立即整改 按规定对插头接线

NO.D038 电箱没有防尘装置（一）

生产安全事故隐患档案卡		
隐患描述	露天用电产品没有防尘装置	援引依据
隐患类型	用电安全	《用电安全导则》（GB/T 13869-2008）6.23 露天（户外）使用的用电产品应采取适用标准的防雨、防雾和防尘等措施
		主要危害 · 整改措施
		产生漏电和触电安全隐患 · 限期整改 按规定采取防雨、防雾和防尘措施

NO.D039 电箱没有防尘装置（二）

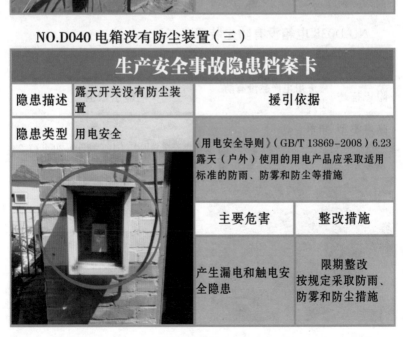

生产安全事故隐患档案卡		
隐患描述	露天用电产品没有防尘装置	援引依据
隐患类型	用电安全	《用电安全导则》（GB/T 13869–2008）6.23 露天（户外）使用的用电产品应采取适用标准的防雨、防雾和防尘等措施
	主要危害	整改措施
	产生漏电和触电安全隐患	限期整改 按规定采取防雨、防雾和防尘措施

NO.D040 电箱没有防尘装置（三）

生产安全事故隐患档案卡		
隐患描述	露天开关没有防尘装置	援引依据
隐患类型	用电安全	《用电安全导则》（GB/T 13869–2008）6.23 露天（户外）使用的用电产品应采取适用标准的防雨、防雾和防尘等措施
	主要危害	整改措施
	产生漏电和触电安全隐患	限期整改 按规定采取防雨、防雾、防尘措施

NO.D041 带电体外露（三）

生产安全事故隐患档案卡

隐患描述	带电体外露	援引依据
隐患类型	用电安全	《用电安全导则》（GB/T 13869-2008）7.3 用电产品拆除时，应对原来的电源端做妥善处理，不应使任何可能带电的导电部分外露

主要危害	整改措施
容易发生触电或电路短路	限期整改 安装保护罩

NO.D042 箱内电缆管口未封堵

生产安全事故隐患档案卡

隐患描述	电缆管口处未封堵	援引依据
隐患类型	用电安全	《电气装置安装工程 盘、柜及二次回路接线施工及验收规范》（GB 50171-2012）3.0.12 电缆进出盘、柜的底部或顶部以及电缆管口处应进行防火封堵，封堵应严密

主要危害	整改措施
容易发生火灾事故	限期整改 按规定进行封堵

NO.D043 电箱漆层脱落

生产安全事故隐患档案卡		
隐患描述	电箱外表漆层脱落	援引依据
隐患类型	用电安全	《电气装置安装工程 盘、柜及二次回路接线施工及验收规范》（GB 50171-2012）4.0.9 盘、柜的漆层应完整，并应无损伤
	主要危害	整改措施
	产生漏电和触电安全隐患	限期整改 按规定重新上漆

NO.D044 端子排没编号（一）

生产安全事故隐患档案卡		
隐患描述	端子排没有标号	援引依据
隐患类型	用电安全	《电气装置安装工程 盘、柜及二次回路接线施工及验收规范》（GB 50171-2012）5.0.4 盘、柜的正面及背面各电器、端子排应标明编号、名称、用途及操作位置，且字迹应清晰、工整，不易脱色
	主要危害	整改措施
	不利于操作	限期整改 按规定标明编号、名称、用途及操作位置

NO.D045 端子排没编号（二）

<table>
<tr><td colspan="3" align="center">生产安全事故隐患档案卡</td></tr>
<tr><td>隐患描述</td><td>端子排没有标号</td><td align="center">援引依据</td></tr>
<tr><td>隐患类型</td><td>用电安全</td><td rowspan="3">《电气装置安装工程 盘、柜及二次回路接线施工及验收规范》（GB 50171-2012）5.0.4 盘、柜的正面及背面各电器、端子排应标明编号、名称、用途及操作位置，且字迹应清晰、工整，不易脱色</td></tr>
<tr><td colspan="2" rowspan="2"></td></tr>
<tr><td align="center">主要危害</td><td align="center">整改措施</td></tr>
<tr><td></td><td align="center">不利于操作</td><td align="center">限期整改
按规定标明编号、名称、用途及操作位置</td></tr>
</table>

NO.D046 控制盘没编号

<table>
<tr><td colspan="3" align="center">生产安全事故隐患档案卡</td></tr>
<tr><td>隐患描述</td><td>控制盘没有标号</td><td align="center">援引依据</td></tr>
<tr><td>隐患类型</td><td>用电安全</td><td rowspan="3">《电气装置安装工程 盘、柜及二次回路接线施工及验收规范》（GB 50171-2012）5.0.4 盘、柜的正面及背面各电器、端子排应标明编号、名称、用途及操作位置，且字迹应清晰、工整，不易脱色</td></tr>
<tr><td colspan="2" rowspan="2"></td></tr>
<tr><td align="center">主要危害</td><td align="center">整改措施</td></tr>
<tr><td></td><td align="center">不利于操作</td><td align="center">限期整改
按规定标明编号、名称、用途及操作位置</td></tr>
</table>

NO.D047 箱内电缆有中间接头

生产安全事故隐患档案卡		
隐患描述	电箱内电缆中间有接头	援引依据
隐患类型	用电安全	《电气装置安装工程 盘、柜及二次回路接线施工及验收规范》（GB 50171-2012）6.0.4 引入盘、柜的电缆（导线）不应有中间接头
		主要危害 / 整改措施
	产生漏电和触电安全隐患	限期整改 重新接线，保证箱内没有中间接头

NO.D048 箱内电缆交叉（一）

生产安全事故隐患档案卡		
隐患描述	电箱内电缆交叉	援引依据
隐患类型	用电安全	《电气装置安装工程 盘、柜及二次回路接线施工及验收规范》（GB 50171-2012）6.0.4 引入盘、柜的电缆应排列整齐，编号清晰，避免交叉、固定牢固，不得使所接的端子承受机械应力
		主要危害 / 整改措施
	产生漏电和触电安全隐患	限期整改 整理电箱内的连接电缆

NO.D049 箱内电缆交叉（二）

生产安全事故隐患档案卡

隐患描述	电箱内电缆交叉	援引依据	
隐患类型	用电安全	《电气装置安装工程 盘、柜及二次回路接线施工及验收规范》（GB 50171-2012）6.0.4 引入盘、柜的电缆应排列整齐，编号清晰，避免交叉、固定牢固，不得使所接的端子承受机械应力	
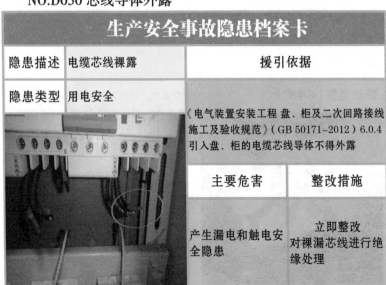		主要危害	整改措施
		产生漏电和触电安全隐患	限期整改 整理电箱内的连接电缆

NO.D050 芯线导体外露

生产安全事故隐患档案卡

隐患描述	电缆芯线裸露	援引依据	
隐患类型	用电安全	《电气装置安装工程 盘、柜及二次回路接线施工及验收规范》（GB 50171-2012）6.0.4 引入盘、柜的电缆芯线导体不得外露	
		主要危害	整改措施
		产生漏电和触电安全隐患	立即整改 对裸漏芯线进行绝缘处理

NO.D051 固定件不绝缘

生产安全事故隐患档案卡		
隐患描述	固定带电部件不是绝缘材料	援引依据
隐患类型	用电安全	《建筑电气工程施工质量验收规范》（GB 50303-2015）3.2.10 固定灯具带电部件及提供防触电保护的部位应为绝缘材料，且应耐燃烧和防引燃
		主要危害 / 整改措施
		产生漏电和触电安全隐患 / 限期整改按规定更换材料

NO.D052 插头破损

生产安全事故隐患档案卡		
隐患描述	插头碎裂	援引依据
隐患类型	用电安全	《建筑电气工程施工质量验收规范》（GB 50303-2015）3.2.11 开关、插座的面板及接线盒盒体应完整、无碎裂、零件齐全
		主要危害 / 整改措施
		产生漏电和触电安全隐患 / 立即整改更换完好插头

NO.D053 开关面板损坏

生产安全事故隐患档案卡

隐患描述	开关面板不完整	援引依据	
隐患类型	用电安全	《建筑电气工程施工质量验收规范》（GB 50303-2015）3.2.11 开关、插座的面板及接线盒盒体应完整、无碎裂、零件齐全	
		主要危害	整改措施
		产生漏电和触电安全隐患	立即整改更换完好开关

NO.D054 开关面板与开关盒分离

生产安全事故隐患档案卡

隐患描述	开关面板不完整，与开关盒分离	援引依据	
隐患类型	用电安全	《建筑电气工程施工质量验收规范》（GB 50303-2015）3.2.11 开关、插座的面板及接线盒盒体应完整、无碎裂、零件齐全	
		主要危害	整改措施
		产生漏电和触电安全隐患	立即整改更换完好开关

NO.D055 箱盖缺少保护导线

生产安全事故隐患档案卡		
隐患描述	箱盖缺少保护导线	援引依据
隐患类型	用电安全	《建筑电气工程施工质量验收规范》（GB 50303-2015）5.1.1 柜、台、箱的金属框架及基础型钢应与保护导体可靠连接
	主要危害	整改措施
	产生漏电和触电安全隐患	限期整改将箱门与保护导体连接

NO.D056 箱内配线绞接

生产安全事故隐患档案卡		
隐患描述	电箱内配线绞接	援引依据
隐患类型	用电安全	《建筑电气工程施工质量验收规范》（GB 50303-2015）5.1.12 箱（盘）内配线应整齐、无绞接现象；导线连接应紧密、不伤线芯、不断股
	主要危害	整改措施
	容易造成电缆短路	立即整改按规定梳理配线

NO.D057 N 线和 PE 线同端子连接

生产安全事故隐患档案卡

隐患描述	N 和 PE 连在一个端子上	援引依据	
隐患类型	用电安全	《建筑电气工程施工质量验收规范》（GB 50303-2015）5.1.12 箱（盘）内宜分别设置中性导体（N）和保护接地导体（PE）汇流排，汇流排上同一端子不应连接不同回路的 N 或 PE	
		主要危害	**整改措施**
		容易发生跳闸	立即整改 将 N 和 PE 分开

NO.D058 配电箱下部进线口未封闭

生产安全事故隐患档案卡

隐患描述	配电箱底部进线口未封闭	援引依据	
隐患类型	用电安全	《建筑电气工程施工质量验收规范》（GB 50303-2015）5.2.4 室外安装的落地式配电（控制）柜、箱的基础应高于地坪，周围排水应通畅，其底座周围应采取封闭措施	
		主要危害	**整改措施**
		蛇、鼠等小动物进入，造成损坏	立即整改 按规定进行封闭

NO.D059 开关不牢固

生产安全事故隐患档案卡

隐患描述	开关安装不牢固	援引依据	
隐患类型	用电安全	《建筑电气工程施工质量验收规范》（GB 50303-2015）5.2.5 柜、台、箱、盘应安装牢固，且不应设置在水管的正下方	
		主要危害	**整改措施**
		产生漏电和触电安全隐患	限期整改 将开关固定牢固

NO.D060 箱内开关松脱

生产安全事故隐患档案卡

隐患描述	电箱内端子开关松脱	援引依据	
隐患类型	用电安全	《建筑电气工程施工质量验收规范》（GB 50303-2015）5.2.7 端子排应安装牢固，端子应有序号，强电、弱电端子应隔离布置，端子规格应与导线截面积大小适配	
		主要危害	**整改措施**
		产生漏电和触电安全隐患	立即整改 将端子开关固定牢固

NO.D061 箱内无线路图

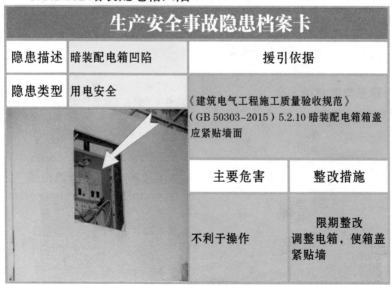

生产安全事故隐患档案卡

隐患描述	无配电线路图	援引依据
隐患类型	用电安全	《家用和类似用途电器的安全 第1部分：通用要求》（GB 4706.1-2005）7.7 连接到两根以上供电导线的器具和多电源器具，除非其正确的连接方式是很明确的，否则器具应有一个连接图，并将图固定到器具上

主要危害	整改措施
不利于操作	限期整改 按规定绘制、粘贴配电线路图

NO.D062 暗装配电箱凹陷

生产安全事故隐患档案卡

隐患描述	暗装配电箱凹陷	援引依据
隐患类型	用电安全	《建筑电气工程施工质量验收规范》（GB 50303-2015）5.2.10 暗装配电箱箱盖应紧贴墙面

主要危害	整改措施
不利于操作	限期整改 调整电箱，使箱盖紧贴墙

NO.D063 暗装配电箱凸出

生产安全事故隐患档案卡		
隐患描述	暗装配电箱凸出	援引依据
隐患类型	用电安全	《建筑电气工程施工质量验收规范》（GB 50303-2015）5.2.10 暗装配电箱箱盖应紧贴墙面
		主要危害 / 整改措施
		不利于操作 / 限期整改 调整电箱，使箱盖紧贴墙

NO.D064 箱体开孔与导管管径不适配

生产安全事故隐患档案卡		
隐患描述	箱体开孔与导管管径不适配	援引依据
隐患类型	用电安全	《建筑电气工程施工质量验收规范》（GB 50303-2015）5.2.10 照明配电箱箱体开孔应与导管管径适配
		主要危害 / 整改措施
		产生漏电和触电安全隐患 / 立即整改 将端子开关固定牢固

NO.D065 箱内回路标识不全（一）

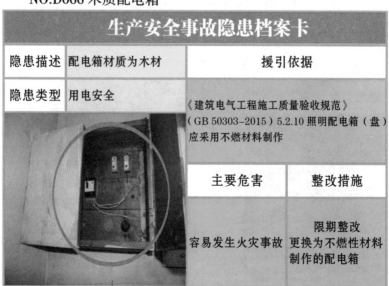

生产安全事故隐患档案卡		
隐患描述	电箱内回路标识不全	援引依据
隐患类型	用电安全	《建筑电气工程施工质量验收规范》（GB 50303-2015）5.2.10 照明配电箱箱（盘）内回路编号应齐全，标识应正确
	主要危害	整改措施
	不利于操作	限期整改按规定设置回路标识

NO.D066 木质配电箱

生产安全事故隐患档案卡		
隐患描述	配电箱材质为木材	援引依据
隐患类型	用电安全	《建筑电气工程施工质量验收规范》（GB 50303-2015）5.2.10 照明配电箱（盘）应采用不燃材料制作
	主要危害	整改措施
	容易发生火灾事故	限期整改更换为不燃性材料制作的配电箱

NO.D067 木质配电盘（一）

生产安全事故隐患档案卡			
隐患描述	配电盘材质为木材	援引依据	
隐患类型	用电安全	《建筑电气工程施工质量验收规范》（GB 50303-2015）5.2.10 照明配电箱（盘）应采用不燃材料制作	
		主要危害	整改措施
		容易发生火灾事故	限期整改 更换为不燃性材料制作的配电盘

NO.D068 木质配电盘（二）

生产安全事故隐患档案卡			
隐患描述	配电盘材质为木材	援引依据	
隐患类型	用电安全	《建筑电气工程施工质量验收规范》（GB 50303-2015）5.2.10 照明配电箱（盘）应采用不燃材料制作	
		主要危害	整改措施
		容易发生火灾事故	限期整改 更换为不燃性材料制作的配电盘

NO.D069 电箱缺少箱盖

生产安全事故隐患档案卡		
隐患描述	配电箱缺少箱盖	援引依据
隐患类型	用电安全	《建筑电气工程施工质量验收规范》（GB 50303-2015）5.2.10 照明配电箱（盘）应安装牢固、位置正确、部件齐全
		主要危害 / 整改措施
		产生漏电和触电安全隐患 / 限期整改 配电箱加装箱盖

NO.D070 电箱箱盖拆卸

生产安全事故隐患档案卡		
隐患描述	配电箱箱盖未安装	援引依据
隐患类型	用电安全	《建筑电气工程施工质量验收规范》（GB 50303-2015）5.2.10 照明配电箱（盘）应安装牢固、位置正确、部件齐全
		主要危害 / 整改措施
		产生漏电和触电安全隐患 / 限期整改 装好箱盖

NO.D071 箱内导管管口高度不足

生产安全事故隐患档案卡

隐患描述	管口高出基础面高度不足 50 mm	援引依据	
隐患类型	用电安全	《建筑电气工程施工质量验收规范》（GB 50303–2015）12.2.4 进入配电（控制）柜、台、箱内的导管管口，当箱底无封板时，管口应高出柜、台、箱、盘的基础面 50~80 mm	
		主要危害	整改措施
		容易导致电线损坏	限期整改增高管口高度

NO.D072 明配管配暗装箱（一）

生产安全事故隐患档案卡

隐患描述	明配管采用暗装电箱	援引依据	
隐患类型	用电安全	《建筑电气工程施工质量验收规范》（GB 50303–2015）12.2.6 明配管采用的接线或过渡盒（箱）应选用明装盒（箱）	
		主要危害	整改措施
		容易导致电线损坏	限期整改将暗装电箱改为明装

NO.D073 明配管配暗装箱（二）

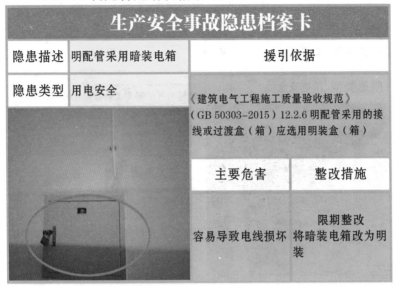

生产安全事故隐患档案卡		
隐患描述	明配管采用暗装电箱	援引依据
隐患类型	用电安全	《建筑电气工程施工质量验收规范》（GB 50303-2015）12.2.6 明配管采用的接线或过渡盒（箱）应选用明装盒（箱）
	主要危害	整改措施
	容易导致电线损坏	限期整改 将暗装电箱改为明装

NO.D074 电缆敷设杂乱

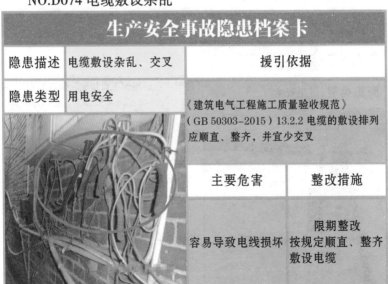

生产安全事故隐患档案卡		
隐患描述	电缆敷设杂乱、交叉	援引依据
隐患类型	用电安全	《建筑电气工程施工质量验收规范》（GB 50303-2015）13.2.2 电缆的敷设排列应顺直、整齐，并宜少交叉
	主要危害	整改措施
	容易导致电线损坏	限期整改 按规定顺直、整齐敷设电缆

NO.D075 电缆交叉

生产安全事故隐患档案卡

隐患描述	电缆敷设杂乱、交叉	援引依据	
隐患类型	用电安全	《建筑电气工程施工质量验收规范》（GB 50303-2015）13.2.2 电缆的敷设排列应顺直、整齐，并宜少交叉	
		主要危害	整改措施
		容易导致电线损坏	限期整改 按规定顺直、整齐敷设电缆

NO.D076 电缆沟未封闭

生产安全事故隐患档案卡

隐患描述	电缆进入电缆沟的位置没有密封	援引依据	
隐患类型	用电安全	《建筑电气工程施工质量验收规范》（GB 50303-2015）13.2.2 电缆出入电缆沟，电气竖井，建筑物，配电（控制）柜、台、箱处以及管子管口处等部位应采取防火或密封措施	
		主要危害	整改措施
		容易发生火灾	限期整改 按规定对电缆沟口进行密封

NO.D077 吊灯电源线受力

生产安全事故隐患档案卡

隐患描述	吊灯电源线受力	援引依据	
隐患类型	用电安全	《建筑电气工程施工质量验收规范》（GB 50303-2015）18.1.2 质量大于 0.5 kg 的软线吊灯，灯具的电源线不应受力	
		主要危害	整改措施
		容易造成电源线损坏	立即整改调节，使电源线不受力

NO.D078 灯具吊挂低

生产安全事故隐患档案卡

隐患描述	灯具吊挂较低	援引依据	
隐患类型	用电安全	《建筑电气工程施工质量验收规范》（GB 50303-2015）18.1.6 除采用安全电压以外，当设计无要求时，敞开式灯具的灯头对地面距离应大于 2.5 m	
		主要危害	整改措施
		容易造成触电事故	立即整改按规定将灯具升高

NO.D079 灯具变形

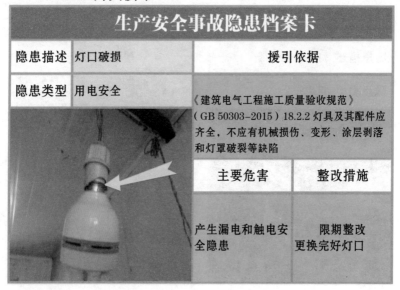

生产安全事故隐患档案卡		
隐患描述	灯具变形	援引依据
隐患类型	用电安全	《建筑电气工程施工质量验收规范》（GB 50303-2015）18.2.2 灯具及其配件应齐全，不应有机械损伤、变形、涂层剥落和灯罩破裂等缺陷
	主要危害	整改措施
	容易造成短路，引发火灾	限期整改更换完好灯具

NO.D080 灯具损坏

生产安全事故隐患档案卡		
隐患描述	灯口破损	援引依据
隐患类型	用电安全	《建筑电气工程施工质量验收规范》（GB 50303-2015）18.2.2 灯具及其配件应齐全，不应有机械损伤、变形、涂层剥落和灯罩破裂等缺陷
	主要危害	整改措施
	产生漏电和触电安全隐患	限期整改更换完好灯口

NO.D081 胶粘固定插座（一）

生产安全事故隐患档案卡		
隐患描述	插座用胶带固定	援引依据
隐患类型	用电安全	《家用和类似用途电器的安全 第1部分：通用要求》（GB 4706.1–2005）7.12.7 胶粘不认为是可靠的固定方式，不采用胶粘方式对固定式器具进行固定
	主要危害	整改措施
	容易造成电线损坏	立即整改采用可靠的固定方式固定插座

NO.D082 胶粘固定插座（二）

生产安全事故隐患档案卡		
隐患描述	插线板用胶带固定	援引依据
隐患类型	用电安全	《家用和类似用途电器的安全 第1部分：通用要求》（GB 4706.1–2005）7.12.7 胶粘不认为是可靠的固定方式，不采用胶粘方式对固定式器具进行固定
	主要危害	整改措施
	容易造成电线损坏	立即整改采用可靠的固定方式固定插线板

NO.D083 插头连接多根线

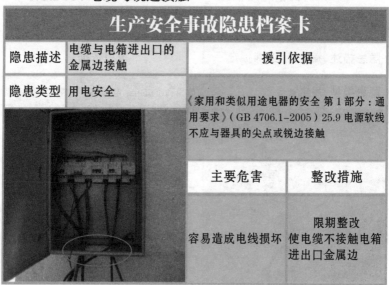

生产安全事故隐患档案卡

隐患描述	一个插头连接了三根线	援引依据
隐患类型	用电安全	《家用和类似用途电器的安全 第1部分：通用要求》（GB 4706.1–2005）25.6 插头均不应安装有多于一根的柔性软线

主要危害	整改措施
产生漏电和触电安全隐患	立即整改 将其余两根线分别安装单独的插头

NO.D084 电缆与锐边接触

生产安全事故隐患档案卡

隐患描述	电缆与电箱进出口的金属边接触	援引依据
隐患类型	用电安全	《家用和类似用途电器的安全 第1部分：通用要求》（GB 4706.1–2005）25.9 电源软线不应与器具的尖点或锐边接触

主要危害	整改措施
容易造成电线损坏	限期整改 使电缆不接触电箱进出口金属边

NO.D085 电缆在电箱进出口处缺少护套

生产安全事故隐患档案卡

隐患描述	电线在电箱进出口处缺少护套	援引依据	
隐患类型	用电安全	《家用和类似用途电器的安全 第1部分：通用要求》（GB 4706.1-2005）25.13 电源软线入口的结构应使电源软线护套能在没有损坏危险的情况下穿入。除非软线进入开口处的外壳是绝缘材料制成的，否则应提供符合要求的不可拆卸的衬套或不可拆卸套管		
		主要危害	整改措施
		产生漏电和触电安全隐患	立即整改将其余两根线分别安装单独的插头

NO.D086 插头未完全插入插座

生产安全事故隐患档案卡

隐患描述	插头未完全插入插座	援引依据	
隐患类型	用电安全	《家用和类似用途电器安装、使用、维修安全要求》（GB 8877-2008）7.2 器具的电源插头应完全插入固定的电源插座中，且保证电源插头与电源插座接触良好	
		主要危害	整改措施
		产生漏电和触电安全隐患	立即整改将插头完全插入插座

NO.D087 箱盖加装插座

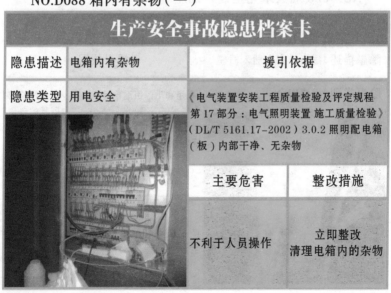

生产安全事故隐患档案卡		
隐患描述	在电箱盖上加装插座	**援引依据**
隐患类型	用电安全	《家用和类似用途电器安装、使用、维修安全要求》(GB 8877–2008) 7.8 使用者不应拆卸器具，不应变更内部接线、部件和保护装置
		主要危害 / **整改措施**
	产生漏电和触电安全隐患	限期整改 拆除插座，更换完好电箱盖

NO.D088 箱内有杂物（一）

生产安全事故隐患档案卡		
隐患描述	电箱内有杂物	**援引依据**
隐患类型	用电安全	《电气装置安装工程质量检验及评定规程 第17部分：电气照明装置 施工质量检验》(DL/T 5161.17–2002) 3.0.2 照明配电箱（板）内部干净、无杂物
		主要危害 / **整改措施**
	不利于人员操作	立即整改 清理电箱内的杂物

NO.D089 箱内有杂物（二）

生产安全事故隐患档案卡

隐患描述	电箱内有杂物	援引依据	
隐患类型	用电安全	《电气装置安装工程质量检验及评定规程 第17部分：电气照明装置 施工质量检验》（DL/T 5161.17–2002）3.0.2 照明配电箱（板）内部干净、无杂物	
		主要危害	整改措施
		不利于人员操作	立即整改 清理电箱内的杂物

NO.D090 箱内回路标识不全（二）

生产安全事故隐患档案卡

隐患描述	电箱内回路标识不全	援引依据	
隐患类型	用电安全	《电气装置安装工程质量检验及评定规程 第17部分：电气照明装置 施工质量检验》（DL/T 5161.17–2002）3.0.2 照明配电箱（板）控制回路标识齐全清晰	
		主要危害	整改措施
		不利于人员操作	限期整改 按规定设置回路标识

第二篇

消 防 类

NO.X001 堵塞安全出口（一）

生产安全事故隐患档案卡		
隐患描述	安全出口被堵塞	援引依据
隐患类型	应急疏散	《人员密集场所消防安全管理》（GA 654–2006）7.5.2.1 确保疏散通道、安全出口的畅通，禁止占用、堵塞疏散通道和楼梯间
		主要危害 / 整改措施
		发生突发情况，无法进行有效疏散 / 立即整改 将安全出口处货物清理

NO.X002 占用疏散楼梯

生产安全事故隐患档案卡		
隐患描述	疏散楼梯被占用	援引依据
隐患类型	应急疏散	《人员密集场所消防安全管理》（GA 654–2006）7.5.2.1 确保疏散通道、安全出口的畅通，禁止占用、堵塞疏散通道和楼梯间
		主要危害 / 整改措施
		影响突发情况下的应急疏散 / 立即整改 清理疏散楼梯，保持通畅

NO.X003 堵占疏散通道

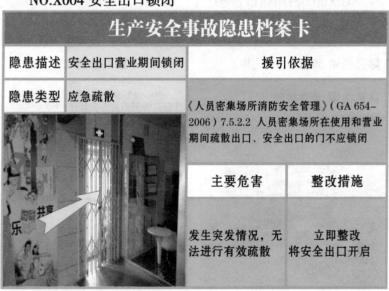

生产安全事故隐患档案卡		
隐患描述 疏散通道被堵占	**援引依据**	
隐患类型 应急疏散	《人员密集场所消防安全管理》（GA 654–2006）7.5.2.1 确保疏散通道、安全出口的畅通，禁止占用、堵塞疏散通道和楼梯间	
	主要危害	**整改措施**
	降低应急疏散能力	限期整改清理疏散通道

NO.X004 安全出口锁闭

生产安全事故隐患档案卡		
隐患描述 安全出口营业期间锁闭	**援引依据**	
隐患类型 应急疏散	《人员密集场所消防安全管理》（GA 654–2006）7.5.2.2 人员密集场所在使用和营业期间疏散出口、安全出口的门不应锁闭	
	主要危害	**整改措施**
	发生突发情况，无法进行有效疏散	立即整改将安全出口开启

NO.X005 防火门处于开启状态

生产安全事故隐患档案卡

隐患描述	常闭门防火门处于开启状态	援引依据	
隐患类型	消防安全	《人员密集场所消防安全管理》（GA 654–2006）7.5.2.4 常闭式防火门应经常保持关闭	
		**主要危害**	**整改措施**
		不利于火灾分区控制	立即整改 将防火门关闭

NO.X006 疏散门外设台阶

生产安全事故隐患档案卡

隐患描述	疏散门 1.4 m 范围内设台阶	援引依据	
隐患类型	应急疏散	《人员密集场所消防安全管理》（GA 654–2006）7.5.2.7 安全出口、疏散门不得设置门槛和其他影响疏散的障碍物，且在其 1.4 m 范围内不应设置台阶	
		**主要危害**	**整改措施**
		影响应急疏散	限期整改 将台阶改为坡道

NO.X007 疏散标志损坏

生产安全事故隐患档案卡		
隐患描述	疏散指示标志破损	援引依据
隐患类型	应急疏散	《人员密集场所消防安全管理》（GA 654-2006）7.5.2.8 消防应急照明、安全疏散指示标志应完好、有效，发生损坏时应及时维修、更换
	主要危害	整改措施
	降低或失去指示作用	限期整改 更换完好标志

NO.X008 应急照明未接电源

生产安全事故隐患档案卡		
隐患描述	应急照明不能有效使用	援引依据
隐患类型	应急疏散	《人员密集场所消防安全管理》（GA 654-2006）7.5.2.8 消防应急照明、安全疏散指示标志应完好、有效，发生损坏时应及时维修、更换
	主要危害	整改措施
	不能为应急疏散提供照明	限期整改 为应急照明接电源

NO.X009 遮挡疏散标志（一）

生产安全事故隐患档案卡

隐患描述	疏散指示标志遮挡	援引依据	
隐患类型	应急疏散	《人员密集场所消防安全管理》（GA 654–2006）7.5.2.9 消防安全标志应完好、清晰，不应遮挡	
		主要危害	**整改措施**
		不能达到疏散指示作用	限期整改 清理遮挡物，保障标识清晰可见

NO.X010 消防标志破损

生产安全事故隐患档案卡

隐患描述	消防安全标志破损，不清晰	援引依据	
隐患类型	消防安全	《人员密集场所消防安全管理》（GA 654–2006）7.5.2.9 消防安全标志应完好、清晰，不应遮挡	
		主要危害	**整改措施**
		弱减指示警示作用	限期整改 更换完好标志

NO.X011 遮挡疏散标志（二）

生产安全事故隐患档案卡

隐患描述	疏散指示标志被遮挡	援引依据	
隐患类型	应急疏散	《人员密集场所消防安全管理》（GA 654–2006）7.5.2.9 消防安全标志应完好，清晰，不应遮挡	
		主要危害	整改措施
		影响疏散指示效果	立即整改 撤销遮挡物

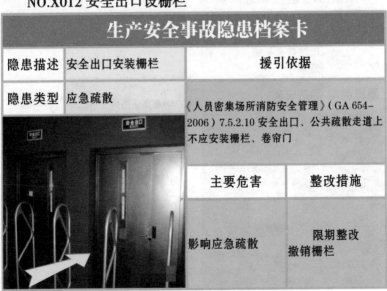

NO.X012 安全出口设栅栏

生产安全事故隐患档案卡

隐患描述	安全出口安装栅栏	援引依据	
隐患类型	应急疏散	《人员密集场所消防安全管理》（GA 654–2006）7.5.2.10 安全出口、公共疏散走道上不应安装栅栏、卷帘门	
		主要危害	整改措施
		影响应急疏散	限期整改 撤销栅栏

NO.X013 消火栓未设标识

生产安全事故隐患档案卡

隐患描述	消防栓未设置明显标识	援引依据	
隐患类型	消防安全	《人员密集场所消防安全管理》（GA 654–2006）7.6.2.1 消火栓应有明显标识	
		**主要危害**	**整改措施**
		不利于消防栓的辨识和管理	限期整改 按照规范设置标识

NO.X014 消防设备缺失

生产安全事故隐患档案卡

隐患描述	消防栓内设备缺失	援引依据	
隐患类型	消防安全	《人员密集场所消防安全管理》（GA 654–2006）7.6.2.2 室内消火栓箱不应上锁，箱内设备应齐全、完好	
		主要危害	**整改措施**
		消防栓不能正常使用	限期整改 配齐各项器材设备

NO.X015 消火栓箱锁闭

生产安全事故隐患档案卡

隐患描述	消火栓箱上锁	援引依据
隐患类型	消防安全	《人员密集场所消防安全管理》（GA 654-2006）7.6.2.2 室内消火栓箱不应上锁，箱内设备应齐全、完好

主要危害	整改措施
不利于消火栓的及时方便取用	立即整改撤销锁闭状态

NO.X016 遮挡消火栓（一）

生产安全事故隐患档案卡

隐患描述	消防栓 2 m 范围有影响操作的杂物	援引依据
隐患类型	消防安全	《人员密集场所消防安全管理》（GA 654-2006）7.6.2.3 距室外消火栓、水泵接合器 2.0 m 范围内不得设置影响其正常使用的障碍物

主要危害	整改措施
影响消防栓的正常操作	立即整改清除杂物

NO.X017 防火卷帘不能正常使用

生产安全事故隐患档案卡		
隐患描述	防火卷帘门下设置柜台	援引依据
隐患类型	消防安全	《人员密集场所消防安全管理》（GA 654–2006）7.6.2.4 展品、商品、货柜，广告箱牌，生产设备等的设置不得影响防火门、防火卷帘、室内消火栓、灭火剂喷头等消防设施的正常使用
		主要危害 / 整改措施
	影响防火卷帘门的正常使用	限期整改 调整柜台

NO.X018 遮挡消火栓（二）

生产安全事故隐患档案卡		
隐患描述	消防栓被遮挡	援引依据
隐患类型	消防安全	《人员密集场所消防安全管理》（GA 654–2006）7.6.2.4 展品、商品、货柜，广告箱牌，生产设备等的设置不得影响防火门、防火卷帘、室内消火栓等消防设施的正常使用
		主要危害 / 整改措施
	影响消防栓的正常操作	立即整改 撤走遮挡物

NO.X019 遮挡报警器

生产安全事故隐患档案卡		
隐患描述	手动报警器被遮挡	援引依据
隐患类型	消防安全	《人员密集场所消防安全管理》（GA 654–2006）7.6.2.4 展品、商品、货柜，广告箱牌、生产设备等的设置不得影响防火门、室内消火栓、手动火灾报警按钮、声光报警装置等消防设施的正常使用
	主要危害	整改措施
	影响火灾报警操作	立即整改 清除遮挡物品

NO.X020 消防监控未运行

生产安全事故隐患档案卡		
隐患描述	消防设施未处于正常运行状态	援引依据
隐患类型	消防安全	《人员密集场所消防安全管理》（GA 654–2006）7.6.2.5 应确保消防设施和消防电源始终处于正常运行状态
	主要危害	整改措施
	消防器材失去作用	限期整改 检查设备，开启、修复或更换设备

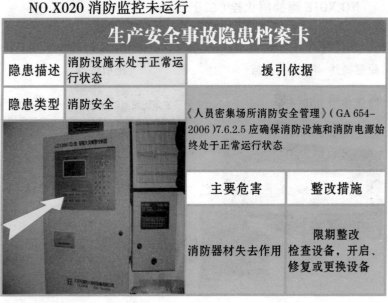

NO.X021 值班室堆放杂物

生产安全事故隐患档案卡		
隐患描述	消防控制值班室内堆放杂物	援引依据
隐患类型	消防安全	《人员密集场所消防安全管理》（GA 654–2006）7.6.4 消防控制值班室内不得堆放杂物
		主要危害 / **整改措施**
		影响消防控制的正常操作且存在火灾隐患 / 限期整改 消除杂物

NO.X022 随意拉接电线

生产安全事故隐患档案卡		
隐患描述	随意拉接电线	援引依据
隐患类型	消防安全	《人员密集场所消防安全管理》（GA 654–2006）7.8.2.3 不得随意乱接电线,擅自增加用电设备
		主要危害 / **整改措施**
		容易发生电气火灾 / 限期整改 由专业人员进行电气线路敷设

NO.X023 电器设备离可燃物近（一）

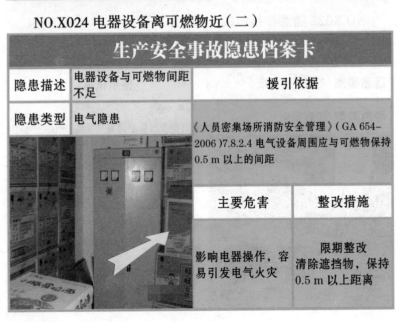

生产安全事故隐患档案卡		
隐患描述	电器设备与可燃物距离小于 0.5 m	援引依据
隐患类型	消防安全	《人员密集场所消防安全管理》(GA 654–2006)7.8.2.4 电器设备周围应与可燃物保持0.5 m 以上的间距
	主要危害	整改措施
	长期近距离烘烤，容易引起火灾	立即整改 将可燃物与电器距离保持在 0.5 m 以上

NO.X024 电器设备离可燃物近（二）

生产安全事故隐患档案卡		
隐患描述	电器设备与可燃物间距不足	援引依据
隐患类型	电气隐患	《人员密集场所消防安全管理》(GA 654–2006)7.8.2.4 电气设备周围应与可燃物保持0.5 m 以上的间距
	主要危害	整改措施
	影响电器操作，容易引发电气火灾	限期整改 清除遮挡物，保持0.5 m 以上距离

NO.X025 电器设备离可燃物近（三）

生产安全事故隐患档案卡		
隐患描述	电器设备与可燃物间距不足	援引依据
隐患类型	电气隐患	《人员密集场所消防安全管理》（GA 654–2006）7.8.2.4 电气设备周围应与可燃物保持0.5 m以上的间距
	主要危害	整改措施
	影响电器操作，容易引发电气火灾	限期整改清除遮挡物，保持0.5 m以上距离

NO.X026 疏散通道宽度不足（一）

生产安全事故隐患档案卡		
隐患描述	辅助疏散通道不足2 m	援引依据
隐患类型	应急疏散	《人员密集场所消防安全管理》（GA 654–2006）8.3.3.2 主要疏散走道的净宽不应小于3.0 m，其他疏散走道净宽度不应小于2.0 m
	主要危害	整改措施
	不能达到紧急情况下的疏散能力	限期整改扩宽通道至2 m

NO.X027 疏散通道宽度不足（二）

生产安全事故隐患档案卡

隐患描述	商店辅助通道小于 2 m	援引依据	
隐患类型	应急疏散	《人员密集场所消防安全管理》（GA 654–2006）8.3.3.2 主要疏散走道的净宽度不应小于 3.0 m，其他疏散走道净宽度应不小于 2.0 m	
		主要危害	**整改措施**
		降低疏散能力	限期整改 改变卖场设计，拓宽疏散通道

NO.X028 未设疏散走道界线

生产安全事故隐患档案卡

隐患描述	疏散走道与营业区之间未设置明显的界线标识	援引依据	
隐患类型	应急疏散	《人员密集场所消防安全管理》（GA 654–2006）8.3.3.3 疏散走道与营业区之间应在地面上设置明显的界线标识	
		主要危害	**整改措施**
		不能清晰界定疏散位置	限期整改 划定明显的界线标识

NO.X029 未设疏散标志

生产安全事故隐患档案卡

隐患描述	疏散通道未设置疏散标志	援引依据
隐患类型	应急疏散	《人员密集场所消防安全管理》（GA 654–2006）8.3.4.3 疏散走道的地面上应设置视觉连续的蓄光型辅助疏散指示标志

主要危害	整改措施
不利于辅助紧急疏散	限期整改 设置连续蓄光型指示标志

NO.X030 防火卷帘两侧堆放物品

生产安全事故隐患档案卡

隐患描述	防火卷帘门 0.5 m 范围内堆放物品	援引依据
隐患类型	消防安全	《人员密集场所消防安全管理》（GA 654–2006）8.3.7 防火卷帘门两侧各 0.5 m 范围不得堆放物品，并应用黄色标识线规定范围

主要危害	整改措施
影响防火卷门帘的正常使用	立即整改 撤出两边杂物

NO.X031 灭火器妨碍疏散

生产安全事故隐患档案卡		
隐患描述	灭火器存放地点影响疏散	援引依据
隐患类型	消防安全	《建筑灭火器配置设计规范》（GB 50140–2005）5.1.1 灭火器应设置在位置明显和便于取用的地点，且不得影响安全疏散
	主要危害	整改措施
	灭火器散落于通道影响应急疏散	立即整改 将灭火器稳固的放置于不妨碍疏散的地方

NO.X032 灭火器未稳固放置

生产安全事故隐患档案卡		
隐患描述	灭火器未稳固放置	援引依据
隐患类型	消防安全	《建筑灭火器配置设计规范》（GB 50140–2005）5.1.3 灭火器的摆放应稳固，其铭牌应朝外
	主要危害	整改措施
	造成灭火器摔碰等	限期整改 放置在稳固位置

NO.X033 潮湿地点设灭火器

生产安全事故隐患档案卡		
隐患描述	灭火器放置在潮湿地点	援引依据
隐患类型	消防安全	《建筑灭火器配置设计规范》（GB 50140–2005）5.1.4 灭火器不宜设置在潮湿或强腐蚀性的地点
	主要危害	整改措施
	不利于灭火器的储存和管理	立即整改 将灭火器置于干燥位置储存必要时放在支架或箱内

NO.X034 灭火器数量不足

生产安全事故隐患档案卡		
隐患描述	灭火器少于2具	援引依据
隐患类型	消防安全	《建筑灭火器配置设计规范》（GB 50140–2005）6.1.1 一个计算单元内配置的灭火器数量不得少于2具
	主要危害	整改措施
	不能确保灭火器应急状态下的有效使用	立即整改 成组配置灭火器

NO.X035 灭火器数量多

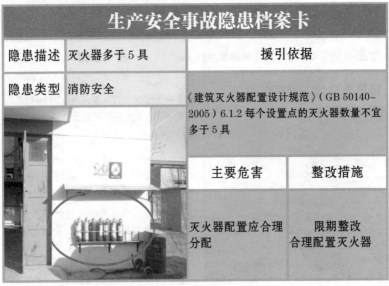

生产安全事故隐患档案卡		
隐患描述	灭火器多于5具	援引依据
隐患类型	消防安全	《建筑灭火器配置设计规范》（GB 50140–2005）6.1.2 每个设置点的灭火器数量不宜多于5具
	主要危害	整改措施
	灭火器配置应合理分配	限期整改 合理配置灭火器

NO.X036 疏散门缺少紧急出口标志（一）

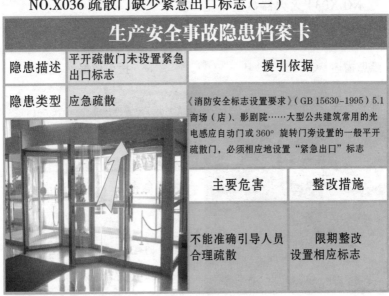

生产安全事故隐患档案卡		
隐患描述	平开疏散门未设置紧急出口标志	援引依据
隐患类型	应急疏散	《消防安全标志设置要求》（GB 15630–1995）5.1 商场（店）、影剧院……大型公共建筑常用的光电感应自动门或360° 旋转门旁设置的一般平开疏散门，必须相应地设置"紧急出口"标志
	主要危害	整改措施
	不能准确引导人员合理疏散	限期整改 设置相应标志

NO.X037 疏散门缺少紧急出口标志（二）

生产安全事故隐患档案卡

隐患描述	电子门边上平开疏散门无标志	援引依据	
隐患类型	应急疏散	《消防安全标志设置要求》（GB 15630–1995）5.1 商场（店）、影剧院……大型公共建筑常用的光电感应自动门或360° 旋转门旁设置的一般平开疏散门，必须相应地设置"紧急出口"标志	
		**主要危害**	**整改措施**
		不能引导合理疏散	限期整改增设"紧急出口"标志

NO.X038 疏散门缺少推开标志

生产安全事故隐患档案卡

隐患描述	疏散门未设置"推开"标志	援引依据	
隐患类型	应急疏散	《消防安全标志设置要求》（GB 15630–1995）5.2 紧急出口或疏散通道中的单向门必须在门上设置"推开"标志，在其反面应设置"拉开"标志	
		主要危害	**整改措施**
		不能产生疏散动作的引导作用	限期整改设置相关标志

NO.X039 活动门设置消防安全标志（一）

生产安全事故隐患档案卡			
隐患描述	消防安全标志设置于活动门窗上	援引依据	
隐患类型	消防安全	《消防安全标志设置要求》（GB 15630–1995）6.2 除必须外，标志一般不应设置在门、窗、架等可移动的物体上，也不应设置在经常被其他物体遮挡的地方	
		主要危害	整改措施
		影响安全标志的认读	限期整改 将安全标志设置于固定位置

NO.X040 活动门设置消防安全标志（二）

生产安全事故隐患档案卡			
隐患描述	疏散指示标志设置活动门上	援引依据	
隐患类型	应急疏散	《消防安全标志设置要求》（GB 15630–1995）6.2 除必须外，标志一般不应设置在门、窗、架等可移动的物体上，也不应设置在经常被其他物体遮挡的地方	
		主要危害	整改措施
		导致标志频繁移动，无法起到指示作用	限期整改 将疏散标志设置于固定位置

NO.X041 疏散标志矛盾

生产安全事故隐患档案卡

隐患描述	疏散标志设置矛盾	援引依据
隐患类型	应急疏散	《消防安全标志设置要求》（GB 15360–1995）6.3 设置消防安全标志时，应避免出现标志内容相互矛盾、重复的现象尽量用最少的标志把必需的信息表达清楚
		主要危害 / 整改措施
	产生误导，贻误疏散	限期整改 按照疏散位置正确设置疏散标志

NO.X042 疏散标志错误

生产安全事故隐患档案卡

隐患描述	指示标志信息错误	援引依据
隐患类型	应急疏散	《消防安全标志设置要求》（GB 15360–1995）6.3 设置消防安全标志时，应避免出现标志内容相互矛盾、重复的现象尽量用最少的标志把必需的信息表达清楚
		主要危害 / 整改措施
	产生疏散误导	限期整改 更换信息准确的标志

NO.X043 走廊未设疏散标志

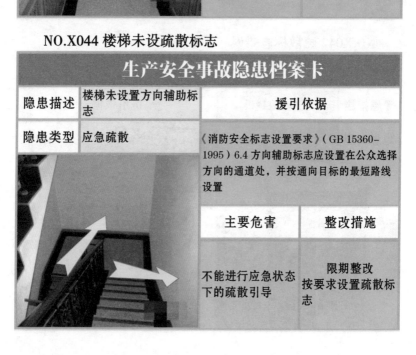

生产安全事故隐患档案卡		
隐患描述	通道未设置方向辅助标志	援引依据
隐患类型	应急疏散	《消防安全标志设置要求》（GB 15360–1995）6.4 方向辅助标志应设置在公众选择方向的通道处，并按通向目标的最短路线设置
		主要危害 / **整改措施**
		不能进行应急状态下的疏散引导 / 限期整改 按要求设置疏散标志

NO.X044 楼梯未设疏散标志

生产安全事故隐患档案卡		
隐患描述	楼梯未设置方向辅助标志	援引依据
隐患类型	应急疏散	《消防安全标志设置要求》（GB 15360–1995）6.4 方向辅助标志应设置在公众选择方向的通道处，并按通向目标的最短路线设置
		主要危害 / **整改措施**
		不能进行应急状态下的疏散引导 / 限期整改 按要求设置疏散标志

NO.X045 疏散门宽度不足

生产安全事故隐患档案卡

隐患描述	疏散门净宽度小于 1.2 m	援引依据	
隐患类型	应急疏散	《建筑设计防火规范》（GB 50016-2014）3.7.5 首层外门的总净宽度应该按该层及以上疏散人数最多的一层疏散的人数计算，且该门的最小净宽度不应小于 1.2 m	
		主要危害	整改措施
		达不到应有的疏散能力	限期整改拓宽疏散门宽度

NO.X046 电梯作为疏散设施（一）

生产安全事故隐患档案卡

隐患描述	将电梯作为疏散设施	援引依据	
隐患类型	应急疏散	《建筑设计防火规范》（GB 50016-2014）5.5.4 自动扶梯和电梯不应计作安全疏散设施	
		主要危害	整改措施
		非正确的疏散逃生方式	立即整改撤除电梯的疏散标识

NO.X047 电梯作为疏散设施（二）

生产安全事故隐患档案卡

隐患描述	将电梯作为疏散设施	援引依据	
隐患类型	应急疏散	《建筑设计防火规范》（GB 50016-2014）5.5.4 自动扶梯和电梯不应计作安全疏散设施	
		主要危害	整改措施
		不能正确疏散	限期整改 不将电梯作为疏散通道使用

NO.X048 疏散楼梯宽度不足

生产安全事故隐患档案卡

隐患描述	疏散楼梯净宽度小于 1.1 m	援引依据	
隐患类型	应急疏散	《建筑设计防火规范》（GB 50016-2014）5.5.18 除本规范另有规定外，公共建筑内疏散门和安全出口的净宽度不应小于 0.9 m，疏散走道和疏散楼梯的净宽度不应小于 1.1 m	
		主要危害	整改措施
		无法满足应急状态疏散要求	限期整改 增加楼梯宽度

NO.X049 疏散楼梯间设储藏室

生产安全事故隐患档案卡		
隐患描述	楼梯设置可燃物储存室	援引依据
隐患类型	应急疏散	《建筑设计防火规范》（GB 50016–2014）6.4.1 疏散楼梯间内不应设置烧水间，可燃材料储藏室、垃圾道
	主要危害	整改措施
	影响应急疏散	限期整改清除障碍物

NO.X050 疏散楼梯设障碍物

生产安全事故隐患档案卡		
隐患描述	楼梯设置障碍物	援引依据
隐患类型	应急疏散	《建筑设计防火规范》（GB 50016–2014）6.4.1 楼梯间内不应有影响疏散的凸出物或其他障碍物
	主要危害	整改措施
	影响应急疏散	限期整改清除障碍物

NO.X051 卷帘门作疏散门

生产安全事故隐患档案卡		
隐患描述	疏散门使用卷帘门	援引依据
隐患类型	应急疏散	《建筑设计防火规范》（GB 50016–2014） 6.4.11 民用建筑和厂房的疏散门，应采用向疏散方向开启的平开门，不应采用推拉门、卷帘门、吊门、转门和折叠门
		主要危害
		整改措施
	不利于人员疏散	限期整改 将卷帘门调整为平开门

NO.X052 疏散门向内开

生产安全事故隐患档案卡		
隐患描述	疏散门未向疏散方向开启	援引依据
隐患类型	应急疏散	《建筑设计防火规范》（GB 50016–2014） 6.4.11 民用建筑和厂房的疏散门，应采用向疏散方向开启的平开门，不应采用推拉门、卷帘门、吊门、转门和折叠门
		主要危害
		整改措施
	影响紧急疏散	限期整改 向疏散方向开启疏散门

NO.X053 应急照明灯落地

生产安全事故隐患档案卡

隐患描述	应急照明设置位置不正确	援引依据	
隐患类型	应急疏散	《建筑设计防火规范》（GB 50016-2014）10.3.4 疏散照明灯具应设置在出口的顶部、墙面的上部或顶棚上。备用照明灯具应设置在墙面的上部或顶棚上	
		主要危害	整改措施
		照明效果衰减	限期整改 将应急灯敷接至墙面上部

NO.X054 疏散标志未设在出口上方

生产安全事故隐患档案卡

隐患描述	疏散标志未设置在安全出口正上方	援引依据	
隐患类型	应急疏散	《建筑设计防火规范》（GB 50016-2014）10.3.5 公共建筑……应设置灯光疏散指示标志应设置在安全出口和人员密集的场所的疏散门的正上方	
		主要危害	整改措施
		疏散标志的引导作用受到影响	限期整改 将疏散标志设置在安全出口正上方

NO.X055 疏散标志位置高

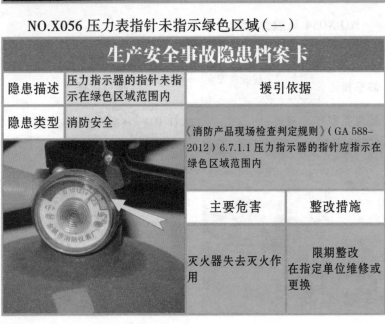

生产安全事故隐患档案卡		
隐患描述	疏散标志设置位置错误	援引依据
隐患类型	应急疏散	《建筑设计防火规范》（GB 50016–2014）10.3.5 公共建筑……应设置灯光疏散指示标志应设置在疏散走道及其转角处距地面高度 1 m 以下的地面和墙面上
	主要危害	整改措施
	遇有浓烟的情况无法起到引导作用	限期整改将疏散标志设置在墙面 1 m 以下

NO.X056 压力表指针未指示绿色区域（一）

生产安全事故隐患档案卡		
隐患描述	压力指示器的指针未指示在绿色区域范围内	援引依据
隐患类型	消防安全	《消防产品现场检查判定规则》（GA 588–2012）6.7.1.1 压力指示器的指针应指示在绿色区域范围内
	主要危害	整改措施
	灭火器失去灭火作用	限期整改在指定单位维修或更换

NO.X057 压力表指针未指示绿色区域（二）

生产安全事故隐患档案卡

隐患描述	压力指示器的指针未指示在绿色区域范围内	援引依据	
隐患类型	消防安全	《消防产品现场检查判定规则》（GA 588–2012）6.7.1.1 压力指示器的指针应指示在绿色区域范围内	
		主要危害	整改措施
		灭火器失去灭火作用	限期整改 在指定单位维修或更换

NO.X058 灭火器缺少喷射软管

生产安全事故隐患档案卡

隐患描述	灭火器无喷射软管	援引依据	
隐患类型	消防安全	《消防产品现场检查判定规则》（GA 588–2012）6.7.1.1 充装量大于 3 kg（L）的灭火器应配有喷射软管	
		主要危害	整改措施
		减低灭火器喷射能力	限期整改 在指定单位维修或更换

NO.X059 使用报废灭火器

生产安全事故隐患档案卡

隐患描述	使用判废灭火器	援引依据
隐患类型	消防安全	《灭火器维修与报废规程》（GA 95-2007）7.2 筒体严重锈蚀（漆皮大面积脱落，锈蚀面积大于筒体总面积的三分之一，表面产生凹坑者）或连接部位，筒底严重锈蚀的灭火器必须报废

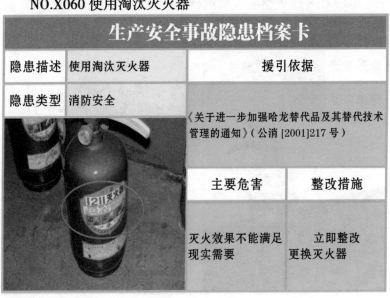

主要危害	整改措施
不具备灭火能力	立即整改报废处理，更换完好灭火器

NO.X060 使用淘汰灭火器

生产安全事故隐患档案卡

隐患描述	使用淘汰灭火器	援引依据
隐患类型	消防安全	《关于进一步加强哈龙替代品及其替代技术管理的通知》（公消 [2001]217 号）

主要危害	整改措施
灭火效果不能满足现实需要	立即整改更换灭火器

NO.X061 堵塞安全出口（二）

生产安全事故隐患档案卡		
隐患描述	堵塞封闭安全出口	援引依据
隐患类型	应急疏散	《中华人民共和国消防法》（主席令第6号）第28条 任何单位、个人不得占用、堵塞、封闭疏散通道、安全出口、消防车通道
		主要危害 / 整改措施
	应急状态下无法保证人员疏散	立即整改 将安全出口处于通畅、开启状态

NO.X062 占用疏散通道

生产安全事故隐患档案卡		
隐患描述	占用堵塞疏散通道	援引依据
隐患类型	应急疏散	《中华人民共和国消防法》（主席令第6号）第28条 任何单位、个人不得占用、堵塞、封闭疏散通道、安全出口、消防车通道
		主要危害 / 整改措施
	应急状态下无法保证人员疏散	立即整改 清理障碍物，保证畅通

NO.X063 封闭安全出口

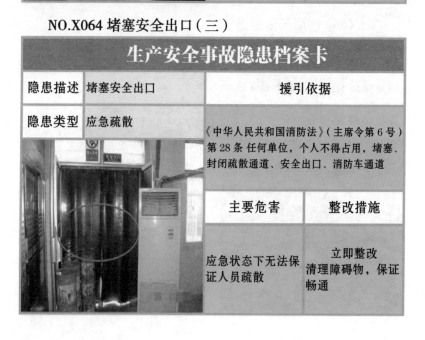

生产安全事故隐患档案卡

隐患描述	封闭堵塞安全出口	援引依据	
隐患类型	应急疏散	《中华人民共和国消防法》（主席令第6号）第28条 任何单位、个人不得占用，堵塞、封闭疏散通道、安全出口、消防车通道	
		主要危害	整改措施
		应急状态下无法保证人员疏散	立即整改 清理障碍物，保证畅通

NO.X064 堵塞安全出口（三）

生产安全事故隐患档案卡

隐患描述	堵塞安全出口	援引依据	
隐患类型	应急疏散	《中华人民共和国消防法》（主席令第6号）第28条 任何单位，个人不得占用，堵塞、封闭疏散通道、安全出口、消防车通道	
		主要危害	整改措施
		应急状态下无法保证人员疏散	立即整改 清理障碍物，保证畅通

NO.X065 埋压灭火器

生产安全事故隐患档案卡		
隐患描述	埋压灭火器材	援引依据
隐患类型	消防安全	《中华人民共和国消防法》（主席令第 6 号）第 28 条 任何单位、个人不得损坏、挪用或者擅自拆除、停用消防设施、器材，不得埋压、圈占、遮挡消火栓或者占用防火间距
		主要危害 · 整改措施
		不利于取用灭火器 · 立即整改 恢复消防器材的用途，并避免埋压圈占

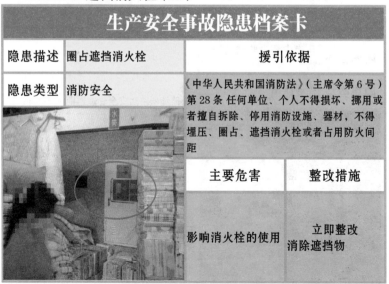

NO.X066 遮挡消火栓（三）

生产安全事故隐患档案卡		
隐患描述	圈占遮挡消火栓	援引依据
隐患类型	消防安全	《中华人民共和国消防法》（主席令第 6 号）第 28 条 任何单位、个人不得损坏、挪用或者擅自拆除、停用消防设施、器材，不得埋压、圈占、遮挡消火栓或者占用防火间距
		主要危害 · 整改措施
		影响消火栓的使用 · 立即整改 消除遮挡物

NO.X067 仓库未划通道线

生产安全事故隐患档案卡

隐患描述	仓库内未标记通道划线	援引依据
隐患类型	作业防护	《仓储场所消防安全管理通则》（GA 1131–2014）3.4 仓储场所应划线标明库房的墙距、垛距、主要通道、货物固定位置等，并设置必要的防火安全标志

		主要危害	整改措施
		未明确区域，不利于管理	限期整改 按照仓库规划位置划定标线

NO.X068 仓库搭设构筑物

生产安全事故隐患档案卡

隐患描述	仓库内搭设临时构筑物	援引依据
隐患类型	作业防护	《仓储场所消防安全管理通则》（GA 1131–2014）6.2 仓储场所内不应搭建临时建筑物或构筑物

	主要危害	整改措施
	不利于仓库的安全管理	限期整改 限期拆除构筑物

NO.X069 仓库设置宿舍

生产安全事故隐患档案卡

隐患描述	仓库内设置员工宿舍	援引依据	
隐患类型	消防安全	《仓储场所消防安全管理通则》（GA 1131–2014）6.2 室内储存场所不应设置员工宿舍	
		主要危害	整改措施
		重大火灾隐患	限期整改 消除人员和物品，撤销宿舍

NO.X070 仓库设置办公室

生产安全事故隐患档案卡

隐患描述	仓库内设置办公室	援引依据	
隐患类型	消防安全	《仓储场所消防安全管理通则》（GA 1131–2014）6.2 室内储存场所不应设置办公室	
		主要危害	整改措施
		较大火灾风险	停业整改 立即将办公室清除，设置在合适位置

NO.X071 货物未分类

生产安全事故隐患档案卡

隐患描述	仓库内货物未分类储存	援引依据	
隐患类型	消防安全	《仓储场所消防安全管理通则》（GA 1131–2014）6.7 库房内储存物品应分类、分堆、限额存放	
		主要危害	整改措施
		不利于货物管理，增加应急处置难度	限期整改 按货物种类分类、分堆储存

NO.X072 通道宽度不足

生产安全事故隐患档案卡

隐患描述	仓库内主要通道宽度不足 2 m	援引依据	
隐患类型	消防安全	《仓储场所消防安全管理通则》（GA 1131–2014）6.7 库房主通道宽度不应小于 2 m	
		主要危害	整改措施
		不利于应急状态下救援和货物搬运	限期整改 拓宽通道

NO.X073 堆垛面积大

生产安全事故隐患档案卡

隐患描述	仓库堆垛面积大于 150 m²	援引依据	
隐患类型	其他类	《仓储场所消防安全管理通则》（GA 1131–2014）6.7 每个堆垛的面积不应大于 150 m²	
		主要危害	**整改措施**
		不利于物品管理	限期整改 分类分垛，每垛面积小于 150 m²

NO.X074 堆垛距灯近

生产安全事故隐患档案卡

隐患描述	货物与灯距离小于 0.5 m	援引依据	
隐患类型	消防安全	《仓储场所消防安全管理通则》（GA 1131–2014）6.8 物品与照明灯之间的距离不小于 0.5 m	
		主要危害	**整改措施**
		容易引起火灾	限期整改 拓宽并保持货物与灯的距离

NO.X075 堆垛距顶近

生产安全事故隐患档案卡

隐患描述	货堆顶部与房顶距离小于 0.3 m	援引依据	
隐患类型	作业防护	《仓储场所消防安全管理通则》（GA 1131–2014）6.8 堆垛上部与楼板、平屋顶之间的距离不小于 0.3 m（人字屋架从横梁算起）	
		主要危害	整改措施
		不利于突发情况下取用消防器材	限期整改清理堵占的货物

NO.X076 堆垛距墙近

生产安全事故隐患档案卡

隐患描述	货与墙距离小于 0.5 m	援引依据	
隐患类型	作业防护	《仓储场所消防安全管理通则》（GA 1131–2014）6.8 物品与墙之间的距离不小于 0.5 m。	
		主要危害	整改措施
		不利于货物搬运和人员防护	限期整改拓宽并保护墙间距

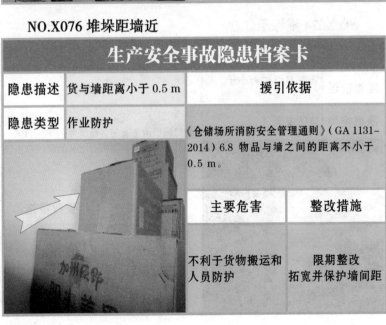

NO.X077 堆垛距柱近

生产安全事故隐患档案卡		
隐患描述	堆垛与柱距离小于 0.3 m	援引依据
隐患类型	作业防护	《仓储场所消防安全管理通则》（GA 1131-2014）6.2 物品堆垛与柱之间的距离不小于 0.3 m
	主要危害	整改措施
	不利于货物搬运和人员防护	限期整改 拓宽并保持柱间距

NO.X078 堆垛间距小

生产安全事故隐患档案卡		
隐患描述	垛间距小于 1 m	援引依据
隐患类型	作业防护	《仓储场所消防安全管理通则》（GA 1131-2014）6.8 物品堆垛与堆垛之间的距离不小于 1 m
	主要危害	整改措施
	不利于货物搬运和人员防护	限期整改 拓宽并保持垛间距

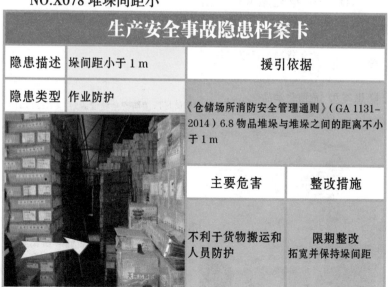

NO.X079 货物遮挡消防器材

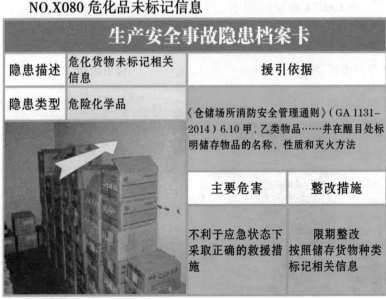

生产安全事故隐患档案卡		
隐患描述 货物遮挡消防栓		**援引依据**
隐患类型 消防安全		《仓储场所消防安全管理通则》（GA 1131–2014）6.9 货架不应遮挡消防栓、自动喷淋系统喷头以及排烟口
	主要危害	**整改措施**
	突发情况不便于操作使用消防栓	限期整改消除遮挡物

NO.X080 危化品未标记信息

生产安全事故隐患档案卡		
隐患描述 危化货物未标记相关信息		**援引依据**
隐患类型 危险化学品		《仓储场所消防安全管理通则》（GA 1131–2014）6.10 甲、乙类物品……并在醒目处标明储存物品的名称、性质和灭火方法
	主要危害	**整改措施**
	不利于应急状态下采取正确的救援措施	限期整改按照储存货物种类标记相关信息

NO.X081 危化品与其他物品共存

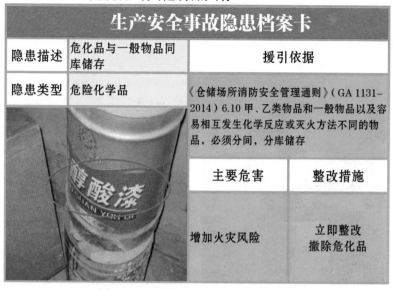

生产安全事故隐患档案卡			
隐患描述	危化品与一般物品同库储存	援引依据	
隐患类型	危险化学品	《仓储场所消防安全管理通则》（GA 1131–2014）6.10 甲、乙类物品和一般物品以及容易相互发生化学反应或灭火方法不同的物品，必须分间，分库储存	
		主要危害	整改措施
		增加火灾风险	立即整改撤除危化品

NO.X082 露天存放甲、乙类液体

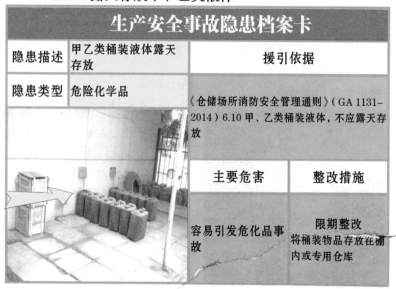

生产安全事故隐患档案卡			
隐患描述	甲乙类桶装液体露天存放	援引依据	
隐患类型	危险化学品	《仓储场所消防安全管理通则》（GA 1131–2014）6.10 甲、乙类桶装液体，不应露天存放	
		主要危害	整改措施
		容易引发危化品事故	限期整改将桶装物品存放往棚内或专用仓库

NO.X083 货物距风管近（一）

生产安全事故隐患档案卡

隐患描述	货物与风管距离小于 0.5 m	援引依据	
隐患类型	消防安全	《仓储场所消防安全管理通则》（GA 1131-2014）6.14 储存物品与风管、供暖管道、散热器的距离不应小于 0.5 m，与供暖机组、风管炉、烟道之间的距离在各个方向上都不应小于 1 m	
		主要危害	整改措施
		容易对设备造成挤压，引发事故	限期整改 清理货物，保持要求距离

NO.X084 货物距风管近（二）

生产安全事故隐患档案卡

隐患描述	货物与风管距离小于 0.5 m	援引依据	
隐患类型	消防安全	《仓储场所消防安全管理通则》（GA 1131-2014）6.14 储存物品与风管、供暖管道、散热器的距离不应小于 0.5 m，与供暖机组、风管炉、烟道之间的距离在各个方向上都不应小于 1 m	
		主要危害	整改措施
		容易对设备造成挤压，引发事故	限期整改 清理货物，保持要求距离

NO.X085 货物距供暖管近

生产安全事故隐患档案卡

隐患描述	货物与供暖管道距离小于 0.5 m	援引依据	
隐患类型	消防安全	《仓储场所消防安全管理通则》（GA 1131–2014）6.14 储存物品与风管、供暖管道、散热器的距离不应小于 0.5 m，与供暖机组、风管炉、烟道之间的距离在各个方向上都不应小于 1 m	
		主要危害	整改措施
		容易对设备造成挤压，引发事故	限期整改清理货物，保持要求距离

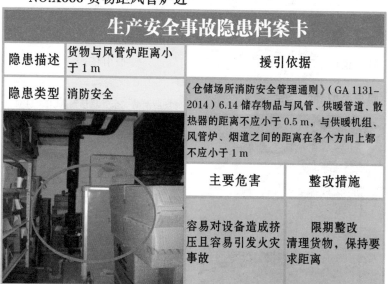

NO.X086 货物距风管炉近

生产安全事故隐患档案卡

隐患描述	货物与风管炉距离小于 1 m	援引依据	
隐患类型	消防安全	《仓储场所消防安全管理通则》（GA 1131–2014）6.14 储存物品与风管、供暖管道、散热器的距离不应小于 0.5 m，与供暖机组、风管炉、烟道之间的距离在各个方向上都不应小于 1 m	
		主要危害	整改措施
		容易对设备造成挤压且容易引发火灾事故	限期整改清理货物，保持要求距离

NO.X087 货物距电器近

生产安全事故隐患档案卡

隐患描述	电器与货物距离小于0.5 m	援引依据	
隐患类型	电气安全	《仓储场所消防安全管理通则》（GA 1131–2014）8.3 仓储场所的电器设备应与可燃物保持不小于 0.5 m 的防火间距，架空线路的下方不应堆放物品	
		主要危害	整改措施
		容易引发火灾事故	限期整改清理货物，保持要求距离

NO.X088 库内设置电气开关箱

生产安全事故隐患档案卡

隐患描述	电器开关设置在仓库内	援引依据	
隐患类型	电气安全	《仓储场所消防安全管理通则》（GA 1131–2014）8.5 仓储场所的每个库房应在库房外单独安装电气开关箱	
		主要危害	整改措施
		容易引发火灾事故	限期整改将开关箱移除

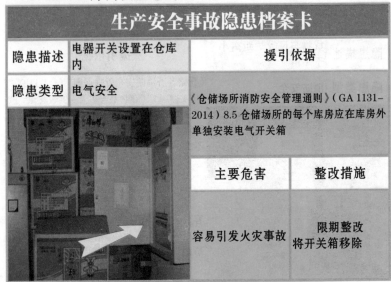

NO.X089 擅自增加用电设备

生产安全事故隐患档案卡

隐患描述	仓库内擅自增加用电设备	援引依据	
隐患类型	电气安全	《仓储场所消防安全管理通则》（GA 1131–2014）8.6 室内储存场所内敷设的配电线路，应穿金属管或难燃硬颜料管保护，不应随意拉接电线，擅自增加用电设备	
		主要危害	整改措施
		容易引发火灾	立即整改撤除无关电气设备

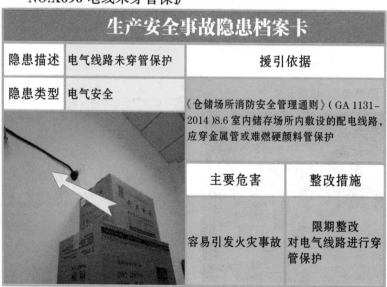

NO.X090 电线未穿管保护

生产安全事故隐患档案卡

隐患描述	电气线路未穿管保护	援引依据	
隐患类型	电气安全	《仓储场所消防安全管理通则》（GA 1131–2014）8.6 室内储存场所内敷设的配电线路，应穿金属管或难燃硬颜料管保护	
		主要危害	整改措施
		容易引发火灾事故	限期整改对电气线路进行穿管保护

NO.X091 库内使用家用电器

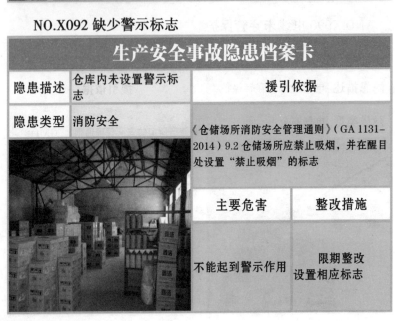

生产安全事故隐患档案卡

隐患描述	仓库内使用家用电器	援引依据
隐患类型	消防安全	《仓储场所消防安全管理通则》（GA 1131–2014）8.7 室内储存场所内不应使用电炉、电烙铁、电熨斗、电热水器等电热器具和电视机、电冰箱等家用电器

主要危害	整改措施
增加火灾风险	立即整改撤出无关电器

NO.X092 缺少警示标志

生产安全事故隐患档案卡

隐患描述	仓库内未设置警示标志	援引依据
隐患类型	消防安全	《仓储场所消防安全管理通则》（GA 1131–2014）9.2 仓储场所应禁止吸烟，并在醒目处设置"禁止吸烟"的标志

主要危害	整改措施
不能起到警示作用	限期整改设置相应标志

NO.X093 通道被堵占

生产安全事故隐患档案卡		
隐患描述	仓库通道堵占	援引依据
隐患类型	应急疏散	《仓储场所消防安全管理通则》（GA 1131–2014）10.4 仓储场所设置的消防通道、安全出口、消防车通道，应设置明显标志并保持畅通，不应堆放物品或设置障碍物
		主要危害 / 整改措施
		不利于突发情况下应急疏散 / 限期整改 清理通道货物

NO.X094 安全出口被堵占

生产安全事故隐患档案卡		
隐患描述	仓库安全出口堵占	援引依据
隐患类型	应急疏散	《仓储场所消防安全管理通则》（GA 1131–2014）10.4 仓储场所设置的消防通道、安全出口、消防车通道，应设置明显标志并保持畅通，不应堆放物品或设置障碍物
		主要危害 / 整改措施
		不利于突发情况下应急疏散 / 限期整改 清理堵占出口的货物

NO.X095 消防设施无操作空间

生产安全事故隐患档案卡

隐患描述	消防设施未划线、无操作空间	援引依据	
隐患类型	消防安全	《仓储场所消防安全管理通则》（GA 1131–2014）10.6 仓储场所应设置明显标志划定各类消防设施所在区域，禁止圈占、埋压、挪用和关闭，并应保证该类设施有正常的操作和检修空间	
		主要危害	整改措施
		不利于突发情况下取用消防器材	限期整改设置标志，清理堵占的货物

NO.X096 消防设施无标识

生产安全事故隐患档案卡

隐患描述	消防设施无标识，被堵占	援引依据	
隐患类型	消防安全	《仓储场所消防安全管理通则》（GA 1131–2014）10.7 仓储场所设置的消火栓应有明显标志室内消火栓箱不应上锁，箱内设备应齐全、完好	
		主要危害	整改措施
		不利于突发情况下取用消防器材	限期整改设置标志，清理堵占的货物

第三篇

危险化学品类

NO.W001 库房通风不良

生产安全事故隐患档案卡		
隐患描述	库房通风不良	援引依据
隐患类型	危险化学品	《易燃易爆性商品储存养护技术条件》（GB 17914–2013）4.2.1 库房应干燥、易于通风、密闭和避光，并应安装避雷装置
		主要危害 / 整改措施
		有害气体、蒸气或粉尘等对人体有害 / 限期整改 按规定重新设置库房

NO.W002 危化品混存

生产安全事故隐患档案卡		
隐患描述	不同危化品堆积存放	援引依据
隐患类型	危险化学品	《易燃易爆性商品储存养护技术条件》（GB 17914–2013）4.2.2 各类商品依据性质和灭火方法的不同，应严格分区、分类和分库存放
		主要危害 / 整改措施
		容易导致事故发生，加大损害程度 / 限期整改 按规定将危化品分类、分库存放

NO.W003 易燃气体与助燃气体混存

生产安全事故隐患档案卡		
隐患描述	易燃气体和助燃气体混合存放	援引依据
隐患类型	危险化学品	《易燃易爆性商品储存养护技术条件》（GB 17914-2013）4.2.2.5 易燃气体不应与助燃气体同库储存
		主要危害 / 整改措施
		容易导致发生火灾爆炸事故 / 立即整改 将易燃气体和助燃气体分库存放

NO.W004 危化品曝晒

生产安全事故隐患档案卡		
隐患描述	易燃易爆品被阳光直射	援引依据
隐患类型	危险化学品	《易燃易爆性商品储存养护技术条件》（GB 17914-2013）4.3.1 商品应避免阳光直射、远离火源、热源、电源及产生火花的环境
		主要危害 / 整改措施
		容易导致火灾爆炸事故 / 限期整改 避免易燃易爆品被阳光直射

NO.W005 库房外有杂草

生产安全事故隐患档案卡

隐患描述	库房周围有杂草	援引依据	
隐患类型	危险化学品	《易燃易爆性商品储存养护技术条件》（GB 17914–2013）4.4.1 库房周围无杂草和易燃物	
		主要危害	整改措施
		容易发生火灾事故	限期整改 清除库房周围的杂草及易燃物

NO.W006 易燃易爆品洒漏

生产安全事故隐患档案卡

隐患描述	库房内有漏洒易燃易爆品	援引依据	
隐患类型	危险化学品	《易燃易爆性商品储存养护技术条件》（GB 17914–2013）4.4.2 库房内地面无漏洒商品，保持地面与货垛清洁卫生	
		主要危害	整改措施
		容易发生火灾爆炸事故	限期整改 清理库房内洒漏，并保持清洁卫生

NO.W007 缺少产品检验合格证

生产安全事故隐患档案卡			
隐患描述	没有产品检验合格证	援引依据	
隐患类型	危险化学品	《易燃易爆性商品储存养护技术条件》（GB 17914–2013）5.1.1 入库商品应附有产品检验合格证和安全技术说明书。进口商品还应有中文安全技术说明书或其他说明	
		主要危害	整改措施
		不便于管理	限期整改 按照规定清除不符合条件的产品

NO.W008 易燃易爆品落地

生产安全事故隐患档案卡			
隐患描述	引燃易爆品直接落地存放	援引依据	
隐患类型	危险化学品	《易燃易爆性商品储存养护技术条件》（GB 17914–2013）6.1.2 各种商品（气瓶装除外）不应直接落地存放，一般应垫15 cm 以上	
		主要危害	整改措施
		容易发生火灾爆炸事故	限期整改 按规定将引燃易爆品加垫存放

NO.W009 易燃易爆品码放不牢固（一）

生产安全事故隐患档案卡

隐患描述	引燃易爆品码放不牢固	援引依据	
隐患类型	危险化学品	《易燃易爆性商品储存养护技术条件》（GB 17914–2013）6.1.3 各种商品应码行列式压缝货垛，做到牢固、整齐、出入库方便，无货架的垛高不应超过 3 m	
		**主要危害**	**整改措施**
		容易坠落，发生事故	立即整改 按规定进行码放

NO.W010 易燃易爆品码放不牢固（二）

生产安全事故隐患档案卡

隐患描述	引燃易爆品码放不牢固	援引依据	
隐患类型	危险化学品	《易燃易爆性商品储存养护技术条件》（GB 17914–2013）6.1.3 各种商品应码行列式压缝货垛，做到牢固、整齐、出入库方便	
		主要危害	**整改措施**
		容易坠落，发生事故	立即整改 按规定进行码放

NO.W011 主通道宽度不足

生产安全事故隐患档案卡		
隐患描述	主通道小于180 cm	援引依据
隐患类型	应急疏散	《易燃易爆性商品储存养护技术条件》（GB 17914–2013）6.2 堆垛间距应保持主通道大于或等于180 cm
	主要危害	整改措施
	不利于人员撤离	限期整改拓宽主通道宽度，并保持大于或等于180 cm

NO.W012 堆垛间距小（一）

生产安全事故隐患档案卡		
隐患描述	通道小于80 cm	援引依据
隐患类型	作业防护	《易燃易爆性商品储存养护技术条件》（GB 17914–2013）6.2 堆垛间距应保持支通道大于或等于80 cm
	主要危害	整改措施
		限期整改拓宽通道，并保持大于或等于80 cm

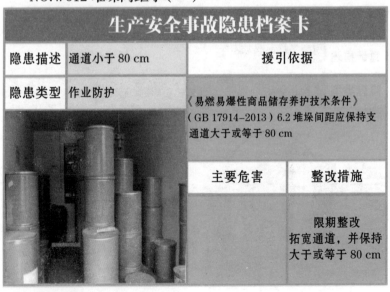

NO.W013 易燃易爆品靠墙堆放

<table>
<tr><td colspan="4" align="center">生产安全事故隐患档案卡</td></tr>
<tr><td>隐患描述</td><td>易燃易爆品靠墙堆放</td><td colspan="2" align="center">援引依据</td></tr>
<tr><td>隐患类型</td><td>危险化学品</td><td colspan="2" rowspan="2">《易燃易爆性商品储存养护技术条件》（GB 17914–2013）6.2 堆垛间距应保持墙距大于或等于 30 cm</td></tr>
<tr><td colspan="2" rowspan="3"></td></tr>
<tr><td align="center">主要危害</td><td align="center">整改措施</td></tr>
<tr><td>容易影响产品的安全性</td><td align="center">限期整改
保证堆垛距墙大于或等于 30 cm</td></tr>
</table>

NO.W014 堆垛距柱近

<table>
<tr><td colspan="4" align="center">生产安全事故隐患档案卡</td></tr>
<tr><td>隐患描述</td><td>柱距小于 10 cm</td><td colspan="2" align="center">援引依据</td></tr>
<tr><td>隐患类型</td><td>危险化学品</td><td colspan="2" rowspan="2">《易燃易爆性商品储存养护技术条件》（GB 17914–2013）6.2 堆垛间距应保持柱距大于或等于 10 cm</td></tr>
<tr><td colspan="2" rowspan="3"></td></tr>
<tr><td align="center">主要危害</td><td align="center">整改措施</td></tr>
<tr><td>容易发生事故</td><td align="center">立即整改
按规定重新码放</td></tr>
</table>

NO.W015 堆垛间距小（二）

生产安全事故隐患档案卡

隐患描述	垛距小于 10 cm	援引依据	
隐患类型	危险化学品	《易燃易爆性商品储存养护技术条件》（GB 17914–2013）6.2 堆垛间距应保持垛距大于或等于 10 cm	
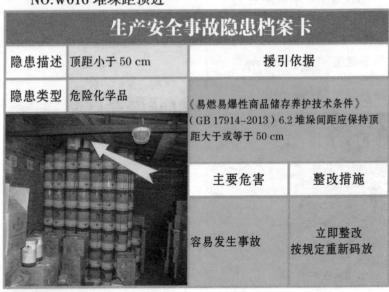		主要危害	整改措施
		容易发生事故	立即整改按规定重新码放

NO.W016 堆垛距顶近

生产安全事故隐患档案卡

隐患描述	顶距小于 50 cm	援引依据	
隐患类型	危险化学品	《易燃易爆性商品储存养护技术条件》（GB 17914–2013）6.2 堆垛间距应保持顶距大于或等于 50 cm	
		主要危害	整改措施
		容易发生事故	立即整改按规定重新码放

NO.W017 库房缺少温湿度表

生产安全事故隐患档案卡

隐患描述	库房内没有温湿度表	援引依据
隐患类型	危险化学品	《易燃易爆性商品储存养护技术条件》（GB 17914–2013）7.1.1 库房内设置温湿度表，按规定时间进行观测和记录

	主要危害	整改措施
	不了解条件变化，容易发生事故	立即整改设置温湿度表，并按规定时间观测、记录

NO.W018 作业人员没穿防静电服

生产安全事故隐患档案卡

隐患描述	作业人员没有穿防静电工作服	援引依据
隐患类型	个人防护	《易燃易爆性商品储存养护技术条件》（GB 17914–2013）8.2 作业人员应穿防静电工作服，戴手套和口罩等防护用具，禁止穿钉鞋

	主要危害	整改措施
	容易发生火灾爆炸事故	立即整改作业人员按规定穿防静电工作服

NO.W019 叉车搬运易燃易爆品

生产安全事故隐患档案卡

隐患描述	使用叉车搬运易燃易爆品	援引依据	
隐患类型	危险化学品	《易燃易爆性商品储存养护技术条件》（GB 17914-2013）8.4 各项操作不应使用能产生火花的工具，不应使用叉车搬运、装卸压缩和液化的气体钢瓶	
		主要危害	整改措施
		容易发生火灾爆炸事故	立即整改不得使用叉车等产生火花的工具

NO.W020 库内进行分装作业

生产安全事故隐患档案卡

隐患描述	在库房内进行分装作业	援引依据	
隐患类型	危险化学品	《易燃易爆性商品储存养护技术条件》（GB 17914-2013）8.5 库房内不应进行分装、改装、开箱、开桶、验收等，以上活动应在库房外进行	
		主要危害	整改措施
		容易发生火灾爆炸事故	立即整改按规定在库房外进行分装、改装、开箱、开桶、验收等工作

NO.W021 存放现场缺少消防器材

生产安全事故隐患档案卡

隐患描述	堆放现场没有消防器材	援引依据
隐患类型	危险化学品	《常用化学危险品贮存通则》（GB 15603–1995）4.3化学危险品露天堆放,应符合防火、防爆的安全要求,爆炸物品、一级易燃物品、遇湿燃烧物品、剧毒物品不得露天堆放

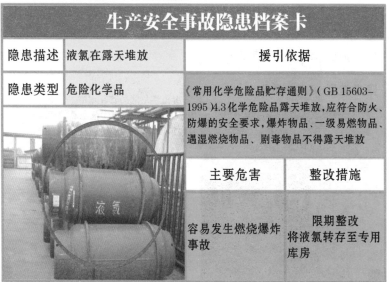

主要危害	整改措施
容易发生火灾爆炸事故	限期整改 化学危险品露天堆放,应符合防火、防爆的安全要求

NO.W022 露天堆放液氯瓶

生产安全事故隐患档案卡

隐患描述	液氯在露天堆放	援引依据
隐患类型	危险化学品	《常用化学危险品贮存通则》（GB 15603–1995）4.3化学危险品露天堆放,应符合防火、防爆的安全要求,爆炸物品、一级易燃物品、遇湿燃烧物品、剧毒物品不得露天堆放

主要危害	整改措施
容易发生燃烧爆炸事故	限期整改 将液氯转存至专用库房

NO.W023 地下室储存危化品

生产安全事故隐患档案卡		
隐患描述	地下室储存化学危险品	援引依据
隐患类型	危险化学品	《常用化学危险品贮存通则》（GB 15603–1995）5.1 贮存化学危险品的建筑物不得有地下室或其他地下建筑
	主要危害	整改措施
	容易发生火灾爆炸事故	立即整改 将化学品转存到专用库房

NO.W024 库房缺少通风设备

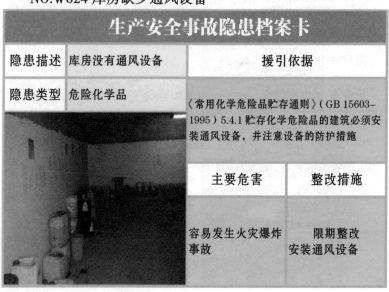

生产安全事故隐患档案卡		
隐患描述	库房没有通风设备	援引依据
隐患类型	危险化学品	《常用化学危险品贮存通则》（GB 15603–1995）5.4.1 贮存化学危险品的建筑必须安装通风设备，并注意设备的防护措施
	主要危害	整改措施
	容易发生火灾爆炸事故	限期整改 安装通风设备

NO.W025 气瓶与化学试剂共存

生产安全事故隐患档案卡

隐患描述	气瓶与化学试剂同库储存	援引依据
隐患类型	危险化学品	《常用化学危险品贮存通则》（GB 15603–1995）6.6 压缩气体和液化气体必须与爆炸物品、氧化剂、易燃物品、自燃物品、腐蚀性物品隔离贮存

主要危害	整改措施
容易发生泄漏、燃烧、爆炸事故	限期整改 按规定进行隔离储存

NO.W026 硫酸与其他物品共存

生产安全事故隐患档案卡

隐患描述	硫酸与其他物品共同储存	援引依据
隐患类型	危险化学品	《常用化学危险品贮存通则》（GB 15603–1995）6.9 腐蚀性物品，包装必须严密，不允许泄漏，严禁与液化气体和其他物品共存

主要危害	整改措施
容易发生事故	立即整改 按规定将硫酸与其他物品隔离

NO.W027 化学品与可燃物共存

生产安全事故隐患档案卡

隐患描述	化学品与可燃物堆积	援引依据	
隐患类型	危险化学品	《常用化学危险品贮存通则》（GB 15603–1995）10.1 禁止在化学危险品贮存区域内堆积可燃废弃物品	
		主要危害	**整改措施**
		容易发生燃烧爆炸事故	限期整改将可燃物清理出库房

NO.W028 库房门非铁质

生产安全事故隐患档案卡

隐患描述	库房门为塑钢材料	援引依据	
隐患类型	危险化学品	《危险化学品经营企业开业条件和技术要求》（GB 18265–2000）6.1.2 库房门应为铁门或木质外包铁皮，采用外开式。设置高侧窗（剧毒物品仓库的窗户应加设铁护栏）	
		主要危害	**整改措施**
		容易发生火灾爆炸事故	限期整改按规定更换铁门或木质外包铁皮

NO.W029 库房门向内开（一）

生产安全事故隐患档案卡		
隐患描述	库房门为内开式	援引依据
隐患类型	危险化学品	《危险化学品经营企业开业条件和技术要求》（GB 18265-2000）6.1.2 库房门应为铁门或木质外包铁皮，采用外开式
	主要危害	整改措施
	不利于人员撤离	限期整改 将库房门改为外开式

NO.W030 库房门向内开（二）

生产安全事故隐患档案卡		
隐患描述	库房门为内开式	援引依据
隐患类型	应急疏散	《危险化学品经营企业开业条件和技术要求》（GB 18265-2000）6.1.2 库房门应为铁门或木质外包铁皮，采用外开式
	主要危害	整改措施
	不利于人员撤离	限期整改 将库房门改为外开式

NO.W031 非专用车辆运输危化品

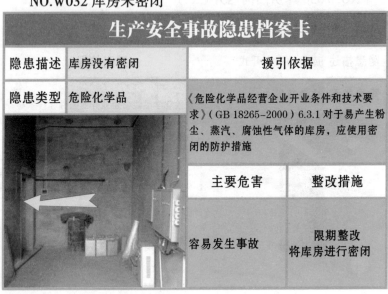

生产安全事故隐患档案卡			
隐患描述	不是运输化学品的专用车辆	援引依据	
隐患类型	危险化学品	《危险化学品经营企业开业条件和技术要求》（GB 18265–2000）6.2.1 运输危险化学品的车辆应专车专用，并有明显标志	
		主要危害	整改措施
		容易发生事故	立即整改 更换为运输化学品的专用车辆

NO.W032 库房未密闭

生产安全事故隐患档案卡			
隐患描述	库房没有密闭	援引依据	
隐患类型	危险化学品	《危险化学品经营企业开业条件和技术要求》（GB 18265–2000）6.3.1 对于易产生粉尘、蒸汽、腐蚀性气体的库房，应使用密闭的防护措施	
		主要危害	整改措施
		容易发生事故	限期整改 将库房进行密闭

NO.W033 库房内电缆有中间接头

生产安全事故隐患档案卡

隐患描述	电线连接没有使用防爆设备	援引依据	
隐患类型	危险化学品	《危险化学品经营企业开业条件和技术要求》（GB 18265-2000）6.3.1 有爆炸危险的库房应当使用防爆型电气设备	
		主要危害	整改措施
		容易发生事故	立即整改 使用防爆型接线盒

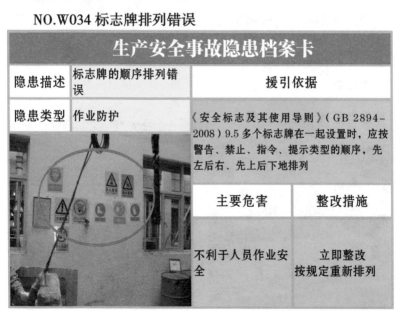

NO.W034 标志牌排列错误

生产安全事故隐患档案卡

隐患描述	标志牌的顺序排列错误	援引依据	
隐患类型	作业防护	《安全标志及其使用导则》（GB 2894-2008）9.5 多个标志牌在一起设置时，应按警告、禁止、指令、提示类型的顺序，先左后右、先上后下地排列	
		主要危害	整改措施
		不利于人员作业安全	立即整改 按规定重新排列

NO.W035 照明灯失爆

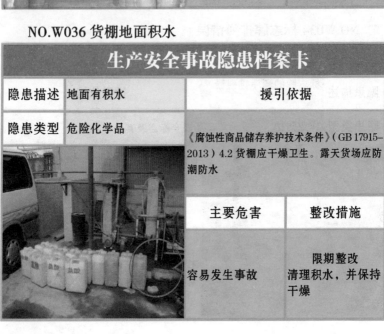

生产安全事故隐患档案卡

隐患描述	照明灯具失爆	援引依据
隐患类型	电气安全	《电气装置安装工程爆炸和火灾危险环境电气装置施工及验收规范》（GB 50257—2014）4.1.4 防爆电气设备的进线口与电缆、导线引入连接后，应保持电缆引入装置的完整性和弹性密封圈的密封性，并应将压紧元件用工具拧紧，且进线口应保持密封

主要危害	整改措施
容易发生爆炸事故	限期整改 按规定更换完好的 防爆灯具

NO.W036 货棚地面积水

生产安全事故隐患档案卡

隐患描述	地面有积水	援引依据
隐患类型	危险化学品	《腐蚀性商品储存养护技术条件》（GB 17915–2013）4.2 货棚应干燥卫生。露天货场应防潮防水

主要危害	整改措施
容易发生事故	限期整改 清理积水，并保持 干燥

NO.W037 储罐缺少围堰

生产安全事故隐患档案卡

隐患描述	无围堰	援引依据	
隐患类型	作业防护	《危险化学品安全管理条例》（国务院令第591号）第20条 在作业场所设置相应的监测、监控、通风、防晒、调温、防火、灭火、防爆、泄压、防毒、中和、防潮、防雷、防静电、防腐、防泄漏以及防护围堰或者隔离操作等安全设施、设备	

		主要危害	整改措施
		容易发生事故	限期整改 按规定设置围堰

NO.W038 储罐缺少液位仪

生产安全事故隐患档案卡

隐患描述	无液位仪	援引依据	
隐患类型	危险化学品	《危险化学品安全管理条例》（国务院令第591号）第20条 在作业场所设置相应的监测、监控、通风、防晒、调温、防火、灭火、防爆、泄压、防毒、中和、防潮、防雷、防静电、防腐、防泄漏以及防护围堰或者隔离操作等安全设施、设备	

		主要危害	整改措施
		容易发生事故	限期整改 设置监测监控设施

NO.W039 管线缺少防泄漏设施

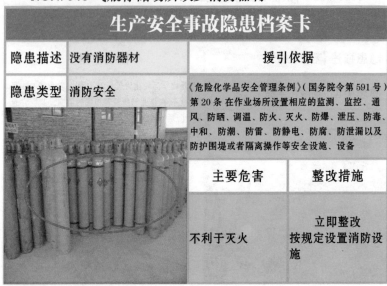

生产安全事故隐患档案卡		
隐患描述	没有防泄漏设施	援引依据
隐患类型	危险化学品	《危险化学品安全管理条例》（国务院令第591号）第20条 在作业场所设置相应的监测、监控、通风、防晒、调温、防火、灭火、防爆、泄压、防毒、中和、防潮、防雷、防静电、防腐、防泄漏以及防护围堤或者隔离操作等安全设施、设备
	主要危害	整改措施
	容易发生事故	限期整改 按规定设置防泄漏设施

NO.W040 气瓶存储场所缺少消防器材

生产安全事故隐患档案卡		
隐患描述	没有消防器材	援引依据
隐患类型	消防安全	《危险化学品安全管理条例》（国务院令第591号）第20条 在作业场所设置相应的监测、监控、通风、防晒、调温、防火、灭火、防爆、泄压、防毒、中和、防潮、防雷、防静电、防腐、防泄漏以及防护围堤或者隔离操作等安全设施、设备
	主要危害	整改措施
	不利于灭火	立即整改 按规定设置消防设施

NO.W041 使用非防爆型灯具

生产安全事故隐患档案卡		
隐患描述	照明灯具及开关不防爆	援引依据
隐患类型	电气安全	《危险化学品安全管理条例》（国务院令第591号）第20条 在作业场所设置相应的监测、监控、通风、防晒、调温、防火、灭火、防爆、泄压、防毒、中和、防潮、防雷、防静电、防腐、防泄漏以及防护围堤或者隔离操作等安全设施、设备
	主要危害	整改措施
	容易发生爆炸事故	限期整改 按规定设置防爆电气设备

NO.W042 木质屋顶

生产安全事故隐患档案卡		
隐患描述	木顶结构	援引依据
隐患类型	危险化学品	《危险化学品安全管理条例》（国务院令第591号）第20条 在作业场所设置相应的监测、监控、通风、防晒、调温、防火、灭火、防爆、泄压、防毒、中和、防潮、防雷、防静电、防腐、防泄漏以及防护围堤或者隔离操作等安全设施、设备
	主要危害	整改措施
	容易发生火灾爆炸事故	限期整改 按规定采取防火措施

NO.W043 通风装置未连接电源

生产安全事故隐患档案卡		
隐患描述	通风装置未使用	援引依据
隐患类型	危险化学品	《危险化学品安全管理条例》（国务院令第591号）第20条 按照国家标准、行业标准或者国家有关规定对安全设施、设备进行经常性维护、保养，保证安全设施、设备的正常使用

主要危害	整改措施
室内有害气体、粉尘等不易散出	立即整改 保证通风装置正常使用

NO.W044 储罐围堰内有杂物

生产安全事故隐患档案卡		
隐患描述	围堰内堆放杂物	援引依据
隐患类型	危险化学品	《危险化学品安全管理条例》（国务院令第591号）第20条 按照国家标准、行业标准或者国家有关规定对安全设施、设备进行经常性维护、保养，保证安全设施、设备的正常使用

主要危害	整改措施
降低围堰的作用	立即整改 将杂物清理出围堰

NO.W045 储罐围堰高度不足

生产安全事故隐患档案卡

隐患描述	围堰高度较低	援引依据	
隐患类型	危险化学品	《危险化学品安全管理条例》（国务院令第591号）第20条 按照国家标准、行业标准或者国家有关规定对安全设施、设备进行经常性维护、保养，保证安全设施、设备的正常使用	
		主要危害	整改措施
		围堰防外溢能力差	限期整改加高围堰高度

NO.W046 危化品存储场所缺少安全警示标志

生产安全事故隐患档案卡

隐患描述	没有设置安全警示标志	援引依据	
隐患类型	危险化学品	《危险化学品安全管理条例》（国务院令第591号）第20条 生产、储存危险化学品的单位，应当在其作业场所和安全设施、设备上设置明显的安全警示标志	
		主要危害	整改措施
		不利于管理，容易发生事故	立即整改按规定设置安全警示标志

NO.W047 未分开设置出、入口

生产安全事故隐患档案卡

隐患描述	加油站出入口未分开设置	援引依据	
隐患类型	危险化学品	《汽车加油加气站设计与施工规范》（GB 50156–2012）5.0.1 车辆入口和出口应分开设置	
		主要危害	整改措施
		不利于车辆有序疏导	限期整改 出口和入口分开分别设置

NO.W048 汽车服务建筑设置在作业区

生产安全事故隐患档案卡

隐患描述	汽车服务建筑设置在加油站作业区	援引依据	
隐患类型	危险化学品	《汽车加油加气站设计与施工规范》（GB 50156–2012）5.0.10 经营性餐饮、汽车服务等非站房所属建筑物或设施，不应布置在作业区内	
		主要危害	整改措施
		增加加油站安全管理中的不确定因素	停业整改 移至作业区以外

NO.W049 设备与站外建筑间未设实体墙

生产安全事故隐患档案卡

隐患描述	加油站工艺设备与站外建筑之间未设实体墙	援引依据	
隐患类型	危险化学品	《汽车加油加气站设计与施工规范》（GB 50156-2012）5.0.12 工艺设备与站外建（构）筑物之间，宜设置不低于 2.2 m 高的不燃烧体实体墙	
		主要危害	**整改措施**
		不利于站外建筑的保护	停业整改设置不燃实体墙

NO.W050 加油机距站房近

生产安全事故隐患档案卡

隐患描述	加油机距站房不足 5 m	援引依据	
隐患类型	危险化学品	《汽车加油加气站设计与施工规范》（GB 50156-2012）5.0.13 加油加气站内设施之间的防火距离，不应小于表 5.2.13-1 和 5.0.13-2 的规定	
		主要危害	**整改措施**
		容易导致油气在室内聚集	停业整改重新进行加油站布局

NO.W051 加油岛未设防撞柱

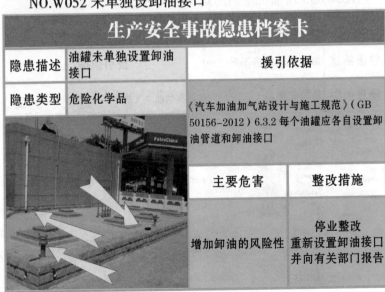

生产安全事故隐患档案卡		
隐患描述	加油岛端部未设置防护栏杆	援引依据
隐患类型	作业防护	《汽车加油加气站设计与施工规范》（GB 50156–2012）6.2.6 位于加油岛端部的加油机附近应设防撞柱（栏），其高度不应小于0.5 m
	主要危害	整改措施
	不利于强化加油机的保护	限期整改设置防护栏杆

NO.W052 未单独设卸油接口

生产安全事故隐患档案卡		
隐患描述	油罐未单独设置卸油接口	援引依据
隐患类型	危险化学品	《汽车加油加气站设计与施工规范》（GB 50156–2012）6.3.2 每个油罐应各自设置卸油管道和卸油接口
	主要危害	整改措施
	增加卸油的风险性	停业整改重新设置卸油接口并向有关部门报告

NO.W053 缺少卸油口标识

生产安全事故隐患档案卡

隐患描述	卸油口无明显标识	援引依据	
隐患类型	危险化学品	《汽车加油加气站设计与施工规范》（GB 50156-2012）6.3.2 各卸油接口及油气回收接口，应有明显的标识	
		主要危害	整改措施
		容易导致误操作	限期整改 设置明显标识

NO.W054 通气管管口高度不足

生产安全事故隐患档案卡

隐患描述	通气管口高出建筑物顶面不足 1.5 m	援引依据	
隐患类型	危险化学品	《汽车加油加气站设计与施工规范》（GB 50156-2012）6.3.8 沿建筑物的墙向上敷设的通气管，其管口应高出建筑物的顶面 1.5 m 及以上	
		主要危害	整改措施
		不利于通气口与建筑物之间保持安全距离	停业整改 按标准要求设置高度

NO.W055 通气管直径小

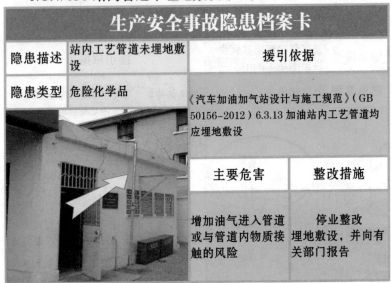

生产安全事故隐患档案卡

隐患描述	通气管公称直径小于50 mm	援引依据
隐患类型	危险化学品	《汽车加油加气站设计与施工规范》（GB 50156–2012）6.3.9 通气管的公称直径不应小于50 mm
	主要危害	**整改措施**
	降低通气管口的通气能力	停业整改更换通气管

NO.W056 站内管道未埋地敷设（一）

生产安全事故隐患档案卡

隐患描述	站内工艺管道未埋地敷设	援引依据
隐患类型	危险化学品	《汽车加油加气站设计与施工规范》（GB 50156–2012）6.3.13 加油站内工艺管道均应埋地敷设
	主要危害	**整改措施**
	增加油气进入管道或与管道内物质接触的风险	停业整改埋地敷设，并向有关部门报告

NO.W057 站内管道未埋地敷设（二）

生产安全事故隐患档案卡

隐患描述	站内工艺管道未埋地敷设	援引依据
隐患类型	危险化学品	《汽车加油加气站设计与施工规范》（GB 50156-2012）6.3.13 加油站内工艺管道均应埋地敷设

	主要危害	整改措施
	增加油气进入管道或与管道内物质接触的风险	停业整改埋地敷设，并向有关部门报告

NO.W058 灭火器数量不足（一）

生产安全事故隐患档案卡

隐患描述	灭火器配备数量不足	援引依据
隐患类型	消防安全	《汽车加油加气站设计与施工规范》（GB 50156-2012）10.1.1 每 2 台加油机应配置不少于 2 具 4 kg 手提式干粉灭火器，或 1 具 4 kg 手提式灭火器和 1 具 6 L 泡沫灭火器

	主要危害	整改措施
	降低灭火能力	限期整改增补灭火器

NO.W059 灭火器数量不足（二）

生产安全事故隐患档案卡

隐患描述	灭火器配备数量不足	援引依据	
隐患类型	消防安全	《汽车加油加气站设计与施工规范》（GB 50156-2012）10.1.1 每 2 台加油机应配置不少于 2 具 4 kg 手提式干粉灭火器，或 1 具 4 kg 手提式灭火器和 1 具 6 L 泡沫灭火器	
		主要危害	整改措施
		降低灭火能力	限期整改增补灭火器

NO.W060 储罐未设灭火器

生产安全事故隐患档案卡

隐患描述	储罐未配备推车灭火器	援引依据	
隐患类型	消防安全	《汽车加油加气站设计与施工规范》（GB 50156-2012）10.1.1 地下储罐应配置一不小于 35 kg 推车式干粉灭火器当两种介质储罐的距离超过 15 m 时，应分别配置	
		主要危害	整改措施
		降低应急处置能力	限期整改配备推车灭火器

NO.W061 加油场地未设罩棚

生产安全事故隐患档案卡

隐患描述	加油场地未设置罩棚	援引依据	
隐患类型	危险化学品	《汽车加油加气站设计与施工规范》（GB 50156–2012）12.2.2 汽车加油场地宜设罩棚	
		主要危害	整改措施
		不能对加油机及加油作业给予保护	停业整改 搭设罩棚

NO.W062 罩棚高度不足

生产安全事故隐患档案卡

隐患描述	罩棚高度不足 4.5 m	援引依据	
隐患类型	危险化学品	《汽车加油加气站设计与施工规范》（GB 50156–2012）12.2.2 罩棚的净空高度不应小于 4.5 m	
		主要危害	整改措施
		不能满足部分特殊车辆加油需要	停业整改 重新搭设罩棚

NO.W063 加油岛高度不足

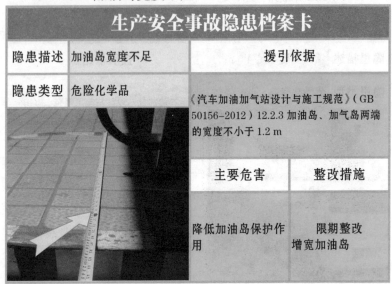

生产安全事故隐患档案卡	
隐患描述 加油岛高度不足	**援引依据**
隐患类型 危险化学品	《汽车加油加气站设计与施工规范》（GB 50156-2012）12.2.3 加油岛应高出停车位的地坪 0.15~0.2 m
	主要危害 / **整改措施**
	降低加油岛保护作用 / 限期整改 增高加油岛

NO.W064 加油岛宽度不足

生产安全事故隐患档案卡	
隐患描述 加油岛宽度不足	**援引依据**
隐患类型 危险化学品	《汽车加油加气站设计与施工规范》（GB 50156-2012）12.2.3 加油岛、加气岛两端的宽度不小于 1.2 m
	主要危害 / **整改措施**
	降低加油岛保护作用 / 限期整改 增宽加油岛

NO.W065 加油岛罩棚立柱距端部近

生产安全事故隐患档案卡		
隐患描述	加油岛上的罩棚立柱边缘距岛端部小于 0.6 m	援引依据
隐患类型	危险化学品	《汽车加油加气站设计与施工规范》（GB 50156-2012）12.2.3 加油岛上的罩棚立柱边缘距岛端部，不应小于 0.6 m
		主要危害	整改措施
		降低加油岛保护作用	限期整改 保证安全距离

NO.W066 作业区有油性植物

生产安全事故隐患档案卡		
隐患描述	加油站作业区有油性植物	援引依据
隐患类型	危险化学品	《汽车加油加气站设计与施工规范》（GB 50156-2012）12.3.1 加油加气作业区不得种植油性植物
		主要危害	整改措施
		容易造成油气聚集	限期整改 清除植物

NO.W067 加油员未穿防静电服

生产安全事故隐患档案卡			
隐患描述	作业人员未穿防静电服	援引依据	
隐患类型	个人防护	《加油站作业安全规范》（AQ 3010-2007）4.2 在加油站区域内作业人员上岗时应穿防静电工作服、防静电工作鞋	
		主要危害	整改措施
		引发静电火灾	限期整改 配备并穿防静电工作服

NO.W068 使用非防爆灯

生产安全事故隐患档案卡			
隐患描述	夜间卸油未使用防爆灯具照明	援引依据	
隐患类型	电气隐患	《加油站作业安全规范》（AQ 3010-2007）4.4 作业时应使用不产生火花的工具及安全防爆照明设备	
		主要危害	整改措施
		增加爆炸危险	立即整改 更换防爆灯具

NO.W069 塑料桶作污油布桶

生产安全事故隐患档案卡

隐患描述	污油布桶非金属制	援引依据	
隐患类型	危险化学品	《加油站作业安全规范》（AQ 3010-2007）4.8 加油站应使用金属制污油布存放桶，并定期清理	
		主要危害	整改措施
		引发静电火灾	限期整改 更换合格桶

NO.W070 卸油未静电接地

生产安全事故隐患档案卡

隐患描述	卸油作业未接地	援引依据	
隐患类型	危险化学品	《加油站作业安全规范》（AQ 3010-2007）5.2.3 油罐车进站后，卸油人员检查油罐车的安全设施后，应先将静电接地线夹头接到专用接地端，并确认接触良好，报警器不报警	
		主要危害	整改措施
		容易产生静电爆炸事故	停业整改 停止卸油作业，接地并确认安全后再作业

NO.W071 卸油未设置灭火器

生产安全事故隐患档案卡		
隐患描述	卸油作业未摆放灭火器	援引依据
隐患类型	消防安全	《加油站作业安全规范》（AQ 3010–2007） 5.2.3 按规定数量在卸油位置上风处摆放消防器材
	主要危害	整改措施
	突发事件应对能力降低	立即整改 卸油作业处摆放干粉灭火器

NO.W072 卸油无人看护

生产安全事故隐患档案卡		
隐患描述	卸油作业无人看护	援引依据
隐患类型	危险化学品	《加油站作业安全规范》（AQ 3010–2007） 5.2.10 卸油过程中，卸油人员和油罐车驾驶员不得离开作业现场
	主要危害	整改措施
	无监护，容易造成重大事故	停业整改 停止卸油作业，检查安全后再作业

NO.W073 卸油口未加锁

生产安全事故隐患档案卡

隐患描述	卸油口未使用时未加锁	援引依据	
隐患类型	危险化学品	《加油站作业安全规范》（AQ 3010-2007） 5.2.16 卸油完毕，盖严罐口处的卸油帽并加锁	
		主要危害	整改措施
		容易导致误操作或故意破坏	立即整改 增设锁具

NO.W074 卸油管抛摔变形

生产安全事故隐患档案卡

隐患描述	抛摔卸油管	援引依据	
隐患类型	危险化学品	《加油站作业安全规范》（AQ 3010-2007） 5.2.16 收存卸油管、油气回收管时不可抛摔、以防接头变形	
		主要危害	整改措施
		密闭卸油受到影响	限期整改 改变作业方式更换油管

NO.W075 加油机漏油

生产安全事故隐患档案卡		
隐患描述	加油机漏油	**援引依据**
隐患类型	危险化学品	《加油站作业安全规范》（AQ 3010–2007）6.1.1 加油员在使用加油机前，应确认加油机机件性能良好
		主要危害 / **整改措施**
		引发爆燃爆炸事故 / 停业整改 找到漏油点，整理完好

NO.W076 加油岛放置杂物（一）

生产安全事故隐患档案卡		
隐患描述	加油岛放置杂物	**援引依据**
隐患类型	危险化学品	《加油站作业安全规范》（AQ 3010–2007）6.1.2 加油岛上不应放置除消防器材外的其他物品
		主要危害 / **整改措施**
		增加火灾风险 / 立即整改 撤除杂物

NO.W077 加油岛放置杂物（二）

生产安全事故隐患档案卡			
隐患描述	加油岛放置杂物	援引依据	
隐患类型	危险化学品	《加油站作业安全规范》（AQ 3010-2007）6.1.2 加油岛上不应放置除消防器材外的其他物品	
		主要危害	整改措施
		增加火灾风险	立即整改 撤除杂物

NO.W078 顾客自助加油（一）

生产安全事故隐患档案卡			
隐患描述	非自助加油区由顾客自行加油	援引依据	
隐患类型	危险化学品	《加油站作业安全规范》（AQ 3010-2007）6.2.3 加油作业应由加油员操作，不得由顾客自行处置	
		主要危害	整改措施
		操作不当，引起事故	立即整改 由作业人员加油

NO.W079 顾客自助加油（二）

生产安全事故隐患档案卡		
隐患描述	非自助加油区由顾客自行加油	援引依据
隐患类型	危险化学品	《加油站作业安全规范》（AQ 3010-2007）6.2.3 加油作业应由加油员操作，不得由顾客自行处置
	主要危害	整改措施
	操作不当，引起事故	立即整改 由作业人员加油

NO.W080 加油机被撞变形

生产安全事故隐患档案卡		
隐患描述	加油岛遭撞击后未及时修复	援引依据
隐患类型	危险化学品	《加油站作业安全规范》（AQ 3010-2007）8.3.5 加油机被车辆撞击后，应立即关闭电源通知维护人员检修
	主要危害	整改措施
	设备设施带隐患运行	限期整改 及时修复

NO.W081 防静电设施损坏

生产安全事故隐患档案卡

隐患描述	防静电接地设施损坏	援引依据	
隐患类型	电气隐患	《加油站作业安全规范》（AQ 3010-2007）8.5.2 所有防静电设施应定期检查、维修	
		主要危害	整改措施
		防静电接地效果降低	立即整改更换合格接地设施

NO.W082 缺少出、入口标志

生产安全事故隐患档案卡

隐患描述	未设置出入口标志	援引依据	
隐患类型	危险化学品	《加油站作业安全规范》（AQ 3010-2007）9.4 加油站出入口选用"入口""出口"标志	
		主要危害	整改措施
		不利于加油车辆疏导	限期整改设置标志

NO.W083 气瓶标签错误

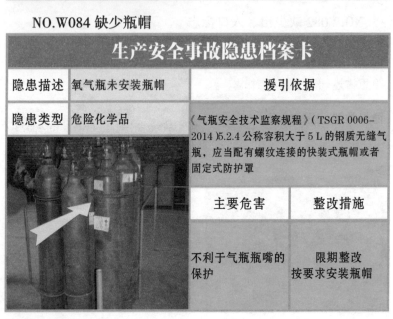

生产安全事故隐患档案卡

隐患描述	标签与瓶内气质不符	援引依据	
隐患类型	危险化学品	《气瓶安全技术监察规程》（TSGR 0006–2014）1.14.1.3 瓶体上需粘贴与铭牌介质相一致的产品标签	
		主要危害	**整改措施**
		错误信息误导使用	立即整改 更换正确标签

NO.W084 缺少瓶帽

生产安全事故隐患档案卡

隐患描述	氧气瓶未安装瓶帽	援引依据	
隐患类型	危险化学品	《气瓶安全技术监察规程》（TSGR 0006–2014）5.2.4 公称容积大于 5 L 的钢质无缝气瓶，应当配有螺纹连接的快装式瓶帽或者固定式防护罩	
		主要危害	**整改措施**
		不利于气瓶瓶嘴的保护	限期整改 按要求安装瓶帽

NO.W085 气瓶横放瓶端方向不一致

生产安全事故隐患档案卡		
隐患描述	气瓶横放时瓶端方向不一致	援引依据
隐患类型	危险化学品	《气瓶安全技术监察规程》（TSGR 0006–2014）6.7.1 运输气瓶时应当整齐放置，横放时，瓶端方向一致；立放时，要妥善固定，防止气瓶倾倒；佩戴好瓶帽，轻装轻卸，严禁抛、滑、滚、碰，敲击气瓶
		主要危害	整改措施
		不利于装卸和运输时的保护	立即整改将瓶端调整一致方向

NO.W086 滚动搬运气瓶

生产安全事故隐患档案卡		
隐患描述	搬运时，滚动气瓶	援引依据
隐患类型	危险化学品	《气瓶安全技术监察规程》（TSGR 0006–2014）6.7.1 运输气瓶时应当整齐放置，横放时，瓶端方向一致；立放时，要妥善固定，防止气瓶倾倒；佩戴好瓶帽，轻装轻卸，严禁抛、滑、滚、碰，敲击气瓶
		主要危害	整改措施
		对气瓶造成物理伤害	立即整改正确搬运气瓶

NO.W087 缺少空、重瓶分区标志

生产安全事故隐患档案卡			
隐患描述	空瓶重瓶分开放置未设置明显标志	援引依据	
隐患类型	危险化学品	《气瓶安全技术监察规程》（TSGR 0006-2014）6.7.1 空瓶与实瓶应当分开放置，并有明显标志	
		主要危害	整改措施
		警示作用不明显	立即整改 按照储存区域设置标志

NO.W088 空、重瓶混放

生产安全事故隐患档案卡			
隐患描述	空瓶重瓶未分开设置	援引依据	
隐患类型	危险化学品	《气瓶安全技术监察规程》（TSGR 0006-2014）6.7.1 空瓶与实瓶应当分开放置，并应有明显标志	
		主要危害	整改措施
		不利于气瓶的管理	立即整改 按照储存区域分开存放

NO.W089 气瓶厂房设地沟

生产安全事故隐患档案卡

隐患描述	气瓶厂房设置地沟	援引依据	
隐患类型	危险化学品	《气瓶充装站安全技术条件》（GB 27550-2011）6.4 可燃气体充装站内的灌瓶间、实瓶间、压缩机房等为甲类厂房，瓶库等为甲类库房，厂房库房应采用不生产火花地面，地下不得设地沟	
		主要危害	整改措施
		容易造成可燃气体聚集	限期整改改造为平整地面

NO.W090 厂房钢柱缺少防火保护层

生产安全事故隐患档案卡

隐患描述	气瓶厂房钢柱未采用防火保护层	援引依据	
隐患类型	危险化学品	《气瓶充装站安全技术条件》（GB 27550-2011）6.4 可燃气体充装站内的灌瓶间、实瓶间、压缩机房等为甲类厂房，瓶库等为甲类库房，厂房库房应采用混凝土柱，钢柱框架或排架结构，当采用钢柱时，应采用防火保护层	
		主要危害	整改措施
		耐火等级达不到要求	限期整改对钢柱涂刷防火保护层

NO.W091 厂房门内开

生产安全事故隐患档案卡		
隐患描述	气瓶厂房门向内开启	援引依据
隐患类型	危险化学品	《气瓶充装站安全技术条件》（GB 27550-2011）6.4 可燃气体充装站内的灌瓶间、实瓶间、压缩机房等为甲类厂房，瓶库等为甲类库房，结构宜采用敞开式建筑，门、窗应向外开启并有安全出口
	主要危害	整改措施
	不利于疏散	限期整改调整门的开启方向

NO.W092 实、空瓶混存

生产安全事故隐患档案卡		
隐患描述	空瓶实瓶未分开放置	援引依据
隐患类型	危险化学品	《气瓶充装站安全技术条件》（GB 27550-2011）6.5 充装站的充装间和瓶库的钢瓶应分实瓶区、空瓶区布置
	主要危害	整改措施
	不利于气瓶的管理	立即整改按照储存区域分开存放

NO.W093 灌瓶台缺少防护墙

生产安全事故隐患档案卡

隐患描述	氧气灌瓶台无防护墙	援引依据	
隐患类型	危险化学品	《气瓶充装站安全技术条件》（GB 27550–2011）6.5氧气、电解氢充装站灌瓶台应设置防护墙	
		主要危害	整改措施
		不利于气瓶的安全防护	限期整改设置防护墙

NO.W094 缺少实、空瓶存放区间标记

生产安全事故隐患档案卡

隐患描述	充装站台实瓶和空瓶混存无标记	援引依据	
隐患类型	危险化学品	《气瓶充装站安全技术条件》（GB 27550–2011）6.6充装站应有专供气瓶装卸的站台或专用装卸工具，站台上存放实瓶和空瓶的区间应设立明显标记，站台上宜保留有宽度不小于2 m的通道	
		主要危害	整改措施
		不利于气瓶的安全防护	限期整改分开设置区域设置标志

NO.W095 充装台未设置雨蓬

生产安全事故隐患档案卡

隐患描述	乙炔充装站台未设置雨蓬	援引依据	
隐患类型	危险化学品	《气瓶充装站安全技术条件》（GB 27550-2011）6.6 乙炔充装站的站台宜高出地面 0.4~1 m，平台宽度不宜超过 3 m，并应设置有大于平台宽度的雨蓬，雨蓬及其支撑应为非燃烧体	
		主要危害	**整改措施**
		不利于气瓶的安全防护	限期整改用非燃烧体设置雨蓬

NO.W096 充装站雨蓬宽度不足

生产安全事故隐患档案卡

隐患描述	乙炔充装站台雨蓬宽度小于站台宽度	援引依据	
隐患类型	危险化学品	《气瓶充装站安全技术条件》（GB 27550-2011）6.6 乙炔充装站的站台宜高出地面 0.4~1 m，平台宽度不宜超过 3 m，并应设置有大于平台宽度的雨蓬，雨蓬及其支撑应为非燃烧体	
		主要危害	**整改措施**
		不利于气瓶的安全防护	限期整改增宽雨蓬

NO.W097 二氧化碳气瓶颜色错误

生产安全事故隐患档案卡

隐患描述	二氧化碳瓶体颜色不正确	援引依据	
隐患类型	危险化学品	《气体颜色标志》（GB/T 7144–2016）6.1 充装二氧化碳气瓶颜色标记为铝白	
		主要危害	**整改措施**
		不利于气瓶的辨识	限期整改 使用正确颜色气瓶

NO.W098 储罐与汽化器间缺少栏杆

生产安全事故隐患档案卡

隐患描述	液氧储罐和汽化器周围未设栏杆	援引依据	
隐患类型	危险化学品	《氧气站设计规范》（GB 50030–2013）3.0.17 液氧储罐和汽化器的周围宜设围墙或栅栏，并应设明显的禁火标志	
		主要危害	**整改措施**
		不利于安全防护	限期整改 设置围墙和栏杆

NO.W099 氧气瓶与其他气瓶混存（一）

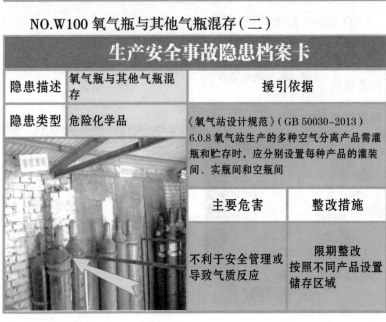

生产安全事故隐患档案卡		
隐患描述	氧气瓶与其他气瓶混存	援引依据
隐患类型	危险化学品	《氧气站设计规范》（GB 50030–2013）6.0.8 氧气站生产的多种空气分离产品需灌瓶和贮存时，应分别设置每种产品的灌装间、实瓶间和空瓶间
		主要危害 / 整改措施
		不利于安全管理或导致气质反应 / 立即整改 按照不同产品设置储存区域

NO.W100 氧气瓶与其他气瓶混存（二）

生产安全事故隐患档案卡		
隐患描述	氧气瓶与其他气瓶混存	援引依据
隐患类型	危险化学品	《氧气站设计规范》（GB 50030–2013）6.0.8 氧气站生产的多种空气分离产品需灌瓶和贮存时，应分别设置每种产品的灌装间、实瓶间和空瓶间
		主要危害 / 整改措施
		不利于安全管理或导致气质反应 / 限期整改 按照不同产品设置储存区域

NO.W101 两排气瓶间距小

生产安全事故隐患档案卡			
隐患描述	设备距离小于2 m	援引依据	
隐患类型	危险化学品	《氧气站设计规范》（GB 50030–2013）6.0.10 氧气站内，设备双排布置时，两排之间的净距离不应小于2 m	
		主要危害	整改措施
		不利于安全防火	限期整改 增宽设备间距

NO.W102 气瓶缺少防倾倒措施（一）

生产安全事故隐患档案卡			
隐患描述	气瓶未采取防倾倒措施	援引依据	
隐患类型	危险化学品	《氧气站设计规范》（GB 50030–2013）6.0.11 灌瓶间、实瓶间和空瓶间均应设有防止瓶倒的措施	
		主要危害	整改措施
		容易导致气瓶滚摔	限期整改 设置防倒栏杆或防倒链

NO.W103 气瓶缺少防倾倒措施（二）

生产安全事故隐患档案卡	
隐患描述 气瓶未采取防倾倒措施	**援引依据**
隐患类型 危险化学品	《氧气站设计规范》（GB 50030–2013） 6.0.11 灌瓶间、实瓶间和空瓶间均应设有防止瓶倒的措施

主要危害	**整改措施**
容易导致气瓶滚摔	限期整改 设置防倒栏杆或防倒链

NO.W104 皮带缺少防护罩

生产安全事故隐患档案卡	
隐患描述 传动装置无防护罩	**援引依据**
隐患类型 机械安全	《氧气站设计规范》（GB 50030–2013） 6.0.16 压缩机和电动机之间采用联轴器或皮带传动时，应采取安全防护措施

主要危害	**整改措施**
容易造成机械伤害	限期整改 设置防护罩

NO.W105 窗玻璃未采取防晒措施

生产安全事故隐患档案卡

隐患描述	窗户未采取防晒措施	援引依据	
隐患类型	危险化学品	《氧气站设计规范》（GB 50030-2013）7.0.7 灌装间、实瓶间、汇流排间和贮气囊间的窗玻璃宜采用磨砂或涂白漆等措施，防止阳光直接照射	
		**主要危害**	**整改措施**
		容易形成太阳直射暴晒	限期整改 在窗户上涂抹白漆

NO.W106 装卸平台未设置雨蓬

生产安全事故隐患档案卡

隐患描述	未设置雨蓬	援引依据	
隐患类型	危险化学品	《氧气站设计规范》（GB 50030-2013）7.0.8 灌装间的充灌台应设置高度不小于 2 m，厚度大于或等于 20 mm 的钢筋混凝土防护墙，气瓶装卸平台应设置大于平台宽度的雨蓬，雨蓬和支撑应采用不燃烧体	
		主要危害	**整改措施**
		不利于气瓶的安全防护	限期整改 按照要求设置雨蓬

NO.W107 储存间地面不平整

生产安全事故隐患档案卡		
隐患描述	储存间地面不平整	援引依据
隐患类型	危险化学品	《氧气站设计规范》（GB 50030-2013） 7.0.9 灌瓶间、汇流排间、空瓶间、实瓶间的地坪应平整、耐磨和防滑
	主要危害	整改措施
	不利于气瓶储存和搬运	限期整改 平整地面

NO.W108 气瓶与散热器间未采取隔热措施

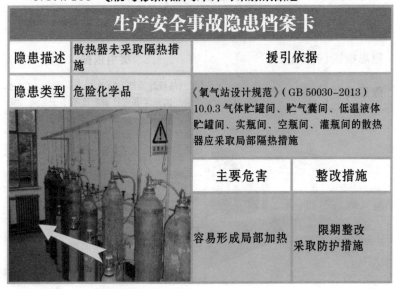

生产安全事故隐患档案卡		
隐患描述	散热器未采取隔热措施	援引依据
隐患类型	危险化学品	《氧气站设计规范》（GB 50030-2013） 10.0.3 气体贮罐间、贮气囊间、低温液体贮罐间、实瓶间、空瓶间、灌瓶间的散热器应采取局部隔热措施
	主要危害	整改措施
	容易形成局部加热	限期整改 采取防护措施

NO.W109 乙炔实、空瓶无标识

生产安全事故隐患档案卡

隐患描述	乙炔空瓶实瓶无标识	援引依据	
隐患类型	危险化学品	《溶解乙炔气瓶安全监察规程》第63条 空瓶与实瓶应分开、整齐放置，并有明显标志	
		主要危害	整改措施
		不能做出明确指示	限期整改 按照储存区域设置明显标志

NO.W110 乙炔瓶与氧气瓶混存（一）

生产安全事故隐患档案卡

隐患描述	乙炔与氧气混存	援引依据	
隐患类型	危险化学品	《溶解乙炔气瓶安全监察规程》第63条 乙炔瓶严禁与氧气瓶、氯气瓶及易燃物品同室储存	
		主要危害	整改措施
		发生气质反应	限期整改 隔离分开储存

NO.W111 乙炔瓶与易燃气体混存

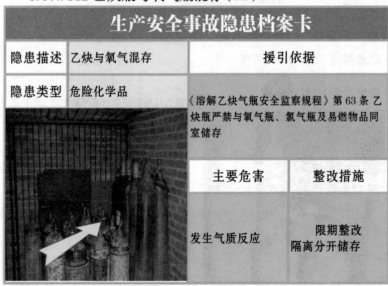

生产安全事故隐患档案卡		
隐患描述	乙炔与易燃气体混存	援引依据
隐患类型	危险化学品	《溶解乙炔气瓶安全监察规程》第63条 乙炔瓶严禁与氧气瓶、氯气瓶及易燃物品同室储存
	主要危害	整改措施
	发生气质反应	限期整改 隔离分开储存

NO.W112 乙炔瓶与氧气瓶混存（二）

生产安全事故隐患档案卡		
隐患描述	乙炔与氧气混存	援引依据
隐患类型	危险化学品	《溶解乙炔气瓶安全监察规程》第63条 乙炔瓶严禁与氧气瓶、氯气瓶及易燃物品同室储存
	主要危害	整改措施
	发生气质反应	限期整改 隔离分开储存

NO.W113 未设独立气瓶间

生产安全事故隐患档案卡

隐患描述	未设置独立气瓶间	援引依据	
隐患类型	燃气安全	《城镇燃气设计规范》（GB 50028-2006）8.5.3 当瓶组气化站配置气瓶的总容积超过 1 m³ 时，应将其设置在高度不低于 2.2 m 的独立瓶组间内	
		主要危害	**整改措施**
		不利于气瓶安全管理	限期整改 按要求搭建气瓶间

NO.W114 空、重气瓶混放（一）

生产安全事故隐患档案卡

隐患描述	空重气瓶未分开存放	援引依据	
隐患类型	燃气安全	《城镇燃气设计规范》（GB 50028-2006）8.6.2 瓶库内的气瓶应分区存放，即分为实瓶区和空瓶区	
		主要危害	**整改措施**
		不利于空重瓶的区分，导致误操作等	立即整改 分区存放并设置标志

NO.W115 空、重气瓶混放（二）

生产安全事故隐患档案卡		
隐患描述	空重气瓶未分开存放	援引依据
隐患类型	燃气安全	《城镇燃气设计规范》（GB 50028–2006）8.6.2 瓶库内的气瓶应分区存放，即分为实瓶区和空瓶区
		主要危害 / 整改措施

主要危害	整改措施
不利于空重瓶的区分，导致误操作等	立即整改分区存放并设置标志

NO.W116 气瓶间的地面碰撞产生火花

生产安全事故隐患档案卡		
隐患描述	气瓶间使用撞击时产生火花地面	援引依据
隐患类型	燃气安全	《城镇燃气设计规范》（GB 50028–2006）8.6.7 室内地面的面层应是撞击时不发生火花的面层

主要危害	整改措施
一旦发生燃气泄漏容易引发爆炸	限期整改更换地面

NO.W117 气瓶间使用非防爆电气设备（一）

生产安全事故隐患档案卡

隐患描述	气瓶间电气设备不防爆	援引依据	
隐患类型	燃气安全	《城镇燃气设计规范》（GB 50028-2006） 8.6.7 照明灯具和开关应采用防爆型	
		主要危害	**整改措施**
		容易引发爆炸	限期整改 使用防爆型灯具和开关

NO.W118 气瓶间使用非防爆电气设备（二）

生产安全事故隐患档案卡

隐患描述	气瓶间未使用防爆电气设备	援引依据	
隐患类型	燃气安全	《城镇燃气设计规范》（GB 50028-2006） 8.6.7 照明灯和开关应采用防爆型	
		主要危害	**整改措施**
		容易引发爆炸	限期整改 更换防爆型电气设备

NO.W119 气瓶间使用非防爆电气设备（三）

生产安全事故隐患档案卡

隐患描述	气瓶间未使用防爆电气设备	援引依据	
隐患类型	燃气安全	《城镇燃气设计规范》（GB 50028-2006）8.6.7 Ⅲ级瓶装液化石油气供应站可将瓶库设置在与建筑物外墙毗连的单层专用房间，照明灯具和开关应采用防爆型	

		主要危害	整改措施
		容易引发爆炸	限期整改 更换防爆型电气设备

NO.W120 气瓶间缺少燃气报警器

生产安全事故隐患档案卡

隐患描述	气瓶间未设置燃气报警器	援引依据	
隐患类型	燃气安全	《城镇燃气设计规范》（GB 50028-2006）8.6.7 Ⅲ级瓶装液化石油气供应站可将瓶库设置在与建筑物外墙毗连的单层专用房间，并应配置燃气浓度检测警报器	

		主要危害	整改措施
		不利于探测气体泄漏情况	限期整改 配置燃气气体报警器

NO.W121 气瓶间未设灭火器

生产安全事故隐患档案卡

隐患描述	气瓶间未设置灭火器	援引依据	
隐患类型	燃气安全	《城镇燃气设计规范》（GB 50028-2006）8.6.7 Ⅲ级瓶装液化石油气供应站可将瓶库设置在与建筑物外墙毗连的单层专用房间，至少应配置8 kg 干粉灭火器2 具	
		主要危害	整改措施
		无法进行火灾应急救援	限期整改按要求配置灭火器

NO.W122 气瓶距燃具近

生产安全事故隐患档案卡

隐患描述	气瓶与燃具距离小于0.5 m	援引依据	
隐患类型	燃气安全	《城镇燃气设计规范》（GB 50028-2006）8.7.2 居民用户室内液化石油气，气瓶与燃具的净距不应小于0.5 m	
		主要危害	整改措施
		无法保证气瓶与火源的安全距离	立即整改保持必要的安全距离

NO.W123 气瓶距散热器近

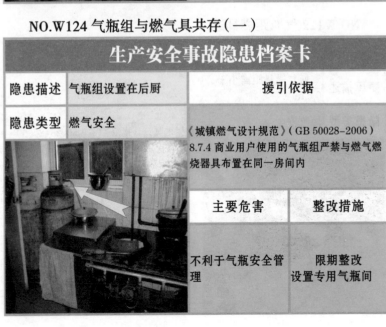

生产安全事故隐患档案卡			
隐患描述	气瓶与散热器距离小于1 m	援引依据	
隐患类型	燃气安全	《城镇燃气设计规范》（GB 50028-2006）8.7.2 气瓶与散热器的净距不应小于1 m，当散热器设置隔热板时，可减少到0.5 m	
		主要危害	整改措施
		无法保证气瓶与热源的安全距离	立即整改保持必要的安全距离

NO.W124 气瓶组与燃气具共存（一）

生产安全事故隐患档案卡			
隐患描述	气瓶组设置在后厨	援引依据	
隐患类型	燃气安全	《城镇燃气设计规范》（GB 50028-2006）8.7.4 商业用户使用的气瓶组严禁与燃气燃烧器具布置在同一房间内	
		主要危害	整改措施
		不利于气瓶安全管理	限期整改设置专用气瓶间

NO.W125 气瓶组与燃气具共存（二）

生产安全事故隐患档案卡

隐患描述	气瓶组设置在后厨	援引依据	
隐患类型	燃气安全	《城镇燃气设计规范》（GB 50028-2006）8.7.4 商业用户使用的气瓶组严禁与燃气器具布置在同一房间内	
		主要危害	整改措施
		不利于气瓶安全管理	限期整改设置专用气瓶间

NO.W126 气瓶间通风口位置高

生产安全事故隐患档案卡

隐患描述	通风口未设置靠近地面位置	援引依据	
隐患类型	燃气安全	《城镇燃气设计规范》（GB 50028-2006）8.9.1 通风口不应小于 2 个，并应靠近地面设置	
		主要危害	整改措施
		无法保证气瓶间的通风	限期整改按照要求设置通风口

NO.W127 气瓶间未设通风口（一）

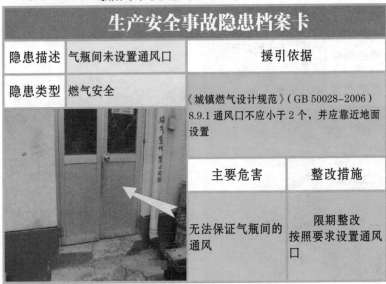

生产安全事故隐患档案卡		
隐患描述	气瓶间未设置通风口	援引依据
隐患类型	燃气安全	《城镇燃气设计规范》（GB 50028–2006）8.9.1 通风口不应小于 2 个，并应靠近地面设置
	主要危害	整改措施
	无法保证气瓶间的通风	限期整改 按照要求设置通风口

NO.W128 气瓶间未设通风口（二）

生产安全事故隐患档案卡		
隐患描述	气瓶间未设置通风口	援引依据
隐患类型	燃气安全	《城镇燃气设计规范》（GB 50028–2006）8.9.1 通风口不应小于 2 个，并应靠近地面设置
	主要危害	整改措施
	无法保证气瓶间的通风	限期整改 按照要求设置通风口

NO.W129 气瓶间门向内开

生产安全事故隐患档案卡		
隐患描述	气瓶间门向内开启	援引依据
隐患类型	燃气安全	《城镇燃气设计规范》（GB 50028-2006）8.9.1 门、窗应向外开
		《城镇燃气设计规范》（GB 50028-2006）8.9.1 门、窗应向外开
		主要危害 / 整改措施
		无法保证泄压需要 / 限期整改 更改开启方向

NO.W130 气瓶软管长（一）

生产安全事故隐患档案卡		
隐患描述	气瓶软管长度大于 2 m	援引依据
隐患类型	燃气安全	《城镇燃气设计规范》（GB 50028-2006）10.2.8 软管与家用燃具连接时，其长度不应超过 2 m，并不得有接口
		主要危害 / 整改措施
		不利于软管保护 / 限期整改 将软管控制在 2 m 以内

NO.W131 气瓶软管有接头

生产安全事故隐患档案卡

隐患描述	气瓶软管有接头	援引依据
隐患类型	燃气安全	《城镇燃气设计规范》（GB 50028–2006）10.2.8 软管与家用燃具连接时，其长度不应超过 2 m，并不得有接口
		主要危害 主要危害	**整改措施** 整改措施
		不利于软管保护	限期整改 取消接头

NO.W132 铁丝代替软管管卡（一）

生产安全事故隐患档案卡

隐患描述	气瓶软管未使用专用设备固定连接	援引依据
隐患类型	燃气安全	《城镇燃气设计规范》（GB 50028–2006）10.2.8 软管与管道、燃具的连接处应采用压紧螺帽（锁母）或管卡（喉箍）固定
		主要危害	**整改措施**
		连接强度不够，容易漏气	限期整改 用专门管卡固定

NO.W133 铁丝代替软管管卡（二）

生产安全事故隐患档案卡

隐患描述	气瓶软管未使用专用设备固定连接	援引依据	
隐患类型	燃气安全	《城镇燃气设计规范》（GB 50028-2006）10.2.8 软管与管道、燃具的连接处应采用压紧螺帽（锁母）或管卡（喉箍）固定	

		主要危害	整改措施
		连接强度不够，容易漏气	限期整改用专用管卡固定

NO.W134 软、硬管连接处未设阀门

生产安全事故隐患档案卡

隐患描述	气瓶软管与硬管连接处未设置阀门	援引依据	
隐患类型	燃气安全	《城镇燃气设计规范》（GB 50028-2006）10.2.8 在软管的上游与硬管的连接处应设阀门	

		主要危害	整改措施
		无法及时关闭阀门	限期整改在规定位置设置阀门

NO.W135 软管穿墙（一）

生产安全事故隐患档案卡

隐患描述	气瓶软管穿墙	援引依据	
隐患类型	燃气安全	《城镇燃气设计规范》（GB 50028–2006）10.2.8 橡胶软管不得穿墙、顶棚、地面、窗和门	
		主要危害	整改措施
		容易对软管造成意外伤害	限期整改改用硬管

NO.W136 软管拖地

生产安全事故隐患档案卡

隐患描述	气瓶软管拖地敷设	援引依据	
隐患类型	燃气安全	《城镇燃气设计规范》（GB 50028–2006）10.2.8 橡胶软管不得穿墙、顶棚、地面、窗和门	
		主要危害	整改措施
		容易对软管造成意外伤害	限期整改改用硬管

NO.W137 软管穿墙（二）

生产安全事故隐患档案卡

隐患描述	气瓶软管穿墙	援引依据	
隐患类型	燃气安全	《城镇燃气设计规范》（GB 50028–2006）10.2.8 橡胶软管不得穿墙、顶棚、地面、窗和门	
		主要危害	整改措施
		容易对软管造成意外伤害	限期整改改用硬管

NO.W138 气瓶缺少瓶帽

生产安全事故隐患档案卡

隐患描述	气瓶无护罩	援引依据	
隐患类型	燃气安全	《液化石油气钢瓶》（GB 5842–2006）7.3.2 钢瓶应配有用以保护瓶阀的护罩和用以保持钢瓶稳定的底座，护罩和底座应焊接在瓶体上	
		主要危害	整改措施
		不利于对气瓶瓶嘴的保护	限期整改更换合格气瓶

NO.W139 气瓶暴晒

生产安全事故隐患档案卡

隐患描述	气瓶存放在阳光暴晒的地方	援引依据	
隐患类型	燃气安全	《液化石油气钢瓶》（GB 5842–2006）10.3.4 钢瓶应贮存在没有腐蚀性气体、通风、干燥且不受日光曝晒的地方	
		主要危害	整改措施
		对气瓶形成外力加热	限期整改 移至阴凉干燥存储场所

NO.W140 空、重气瓶混存

生产安全事故隐患档案卡

隐患描述	空重气瓶混存	援引依据	
隐患类型	燃气安全	《城镇燃气设施运行、维护和抢修安全技术规程》（CJJ 51–2016）7.4.1 空瓶、实瓶应按指定区域分别存放，并应设标志	
		主要危害	整改措施
		不利于气瓶识别	立即整改 分开存放，设置标志

NO.W141 气瓶多层码放

生产安全事故隐患档案卡

隐患描述	气瓶多层码放	援引依据	
隐患类型	燃气安全	《城镇燃气设施运行、维护和抢修安全技术规程》（CJJ 51–2016）7.4.1 气瓶应直立码放且不得超过 2 层；50 kg 规格的气瓶应单层码放，并应留有不小于 0.8 m 的通道	
		主要危害	整改措施
		不利于气瓶保护，形成额外外力	立即整改最多码放 2 层

NO.W142 气瓶存放场所无通道

生产安全事故隐患档案卡

隐患描述	存放气瓶场所无通道	援引依据	
隐患类型	燃气安全	《城镇燃气设施运行、维护和抢修安全技术规程》（CJJ 51–2016）7.4.1 气瓶应直立码放且不得超过 2 层；50 kg 规格的气瓶应单层码放，并应留有不小于 0.8 m 的通道	
		主要危害	整改措施
		不利于气瓶搬运等	立即整改移开障碍物

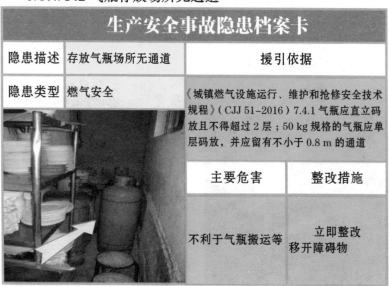

NO.W143 使用报废气瓶（一）

生产安全事故隐患档案卡		
隐患描述	使用应当报废气瓶	援引依据
隐患类型	燃气安全	《液化石油气钢瓶定期检验与评定》（GB 8334–2011）5.2.4.2 因腐蚀严重，难以确定腐蚀范围和深度的钢瓶应报废
	主要危害	整改措施
	引发漏气、爆炸等	立即整改停用报废气瓶

NO.W144 使用报废气瓶（二）

生产安全事故隐患档案卡		
隐患描述	使用应当报废气瓶	援引依据
隐患类型	燃气安全	《液化石油气钢瓶定期检验与评定》（GB 8334–2011）5.2.4.2 因腐蚀严重，难以确定腐蚀范围和深度的钢瓶应报废
	主要危害	整改措施
	引发漏气、爆炸等	立即整改停用报废气瓶

NO.W145 使用报废气瓶（三）

生产安全事故隐患档案卡

隐患描述	使用应当报废气瓶	援引依据	
隐患类型	燃气安全	《液化石油气钢瓶定期检验与评定》（GB 8334–2011）5.2.4.2 因腐蚀严重，难以确定腐蚀范围和深度的钢瓶应报废	
		主要危害	**整改措施**
		引发漏气、爆炸等	立即整改停用报废气瓶

NO.W146 气瓶安全阀损坏

生产安全事故隐患档案卡

隐患描述	气瓶调压阀不符合要求	援引依据	
隐患类型	燃气安全	《液化石油气储运》（SY/T 6356–2010）5.2.3 气瓶安全阀无明显损坏，使用部件无腐蚀或变形	
		主要危害	**整改措施**
		不利于气瓶调压安全	限期整改更换合格调压阀

NO.W147 气瓶无防腐涂层

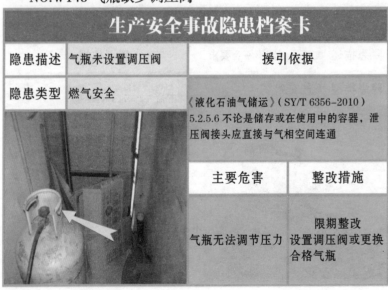

	生产安全事故隐患档案卡		
隐患描述	气瓶无防腐蚀镀膜或涂层	援引依据	
隐患类型	燃气安全	《液化石油气储运》（SY/T 6356–2010）5.2.3 气瓶具有镀膜或涂层以防止腐蚀	
		主要危害	整改措施
		不利于气瓶保护	限期整改涂层或更气瓶

NO.W148 气瓶缺少调压阀

	生产安全事故隐患档案卡		
隐患描述	气瓶未设置调压阀	援引依据	
隐患类型	燃气安全	《液化石油气储运》（SY/T 6356–2010）5.2.5.6 不论是储存或在使用中的容器，泄压阀接头应直接与气相空间连通	
		主要危害	整改措施
		气瓶无法调节压力	限期整改设置调压阀或更换合格气瓶

NO.W149 气瓶周围有杂物（一）

生产安全事故隐患档案卡		
隐患描述	气瓶周边存放杂物	援引依据
隐患类型	燃气安全	《液化石油气储运》（SY/T 6356–2010）6.4.5.2 在任何容器周围 3 m 范围内不应有松散或堆放的可燃材料、杂草和长干草
	主要危害	整改措施
	不利于气瓶安全管理	限期整改清除杂物

NO.W150 气瓶周围有杂物（二）

生产安全事故隐患档案卡		
隐患描述	气瓶周边存放杂物	援引依据
隐患类型	燃气安全	《液化石油气储运》（SY/T 6356–2010）6.4.5.2 在任何容器周围 3 m 范围内不应有松散或堆放的可燃材料、杂草和长干草
	主要危害	整改措施
	不利于气瓶安全管理	限期整改清除杂物

NO.W151 气瓶周围有杂物（三）

生产安全事故隐患档案卡		
隐患描述	气瓶周边存放杂物	援引依据
隐患类型	燃气安全	《液化石油气储运》（SY/T 6356–2010）6.4.5.2 在任何容器周围 3 m 范围内不应有松散或堆放的可燃材料、杂草和长干草
		主要危害 / 整改措施
		不利于气瓶安全管理 / 限期整改 清除杂物

NO.W152 气瓶周围有杂物（四）

生产安全事故隐患档案卡		
隐患描述	气瓶周边存放杂物	援引依据
隐患类型	燃气安全	《液化石油气储运》（SY/T 6356–2010）6.4.5.2 在任何容器周围 3 m 范围内不应有松散或堆放的可燃材料、杂草和长干草
		主要危害 / 整改措施
		不利于气瓶安全管理 / 限期整改 清除杂物

NO.W153 气瓶软管长（二）

生产安全事故隐患档案卡

隐患描述	气瓶软管长度不符合要求	援引依据
隐患类型	燃气安全	《液化石油气储运》（SY/T 6356-2010） 6.18.2.2 建筑内部使用时，软管的实际长度不应超过 1.8 m

主要危害	整改措施
容易导致软管受到外力伤害	限期整改 控制软管长度

NO.W154 软管穿墙（三）

生产安全事故隐患档案卡

隐患描述	气瓶软管穿墙	援引依据
隐患类型	燃气安全	《液化石油气储运》（SY/T 6356-2010） 6.18.2.2 建筑内部使用时，软管不应从一个房间伸到另一个房间，或者穿过隔板、地板、天花板或墙壁

主要危害	整改措施
容易受到外力损伤导致漏气	限期整改 更换硬管

NO.W155 软管隐蔽

生产安全事故隐患档案卡

隐患描述	气瓶软管不应置于隐藏位置	援引依据	
隐患类型	燃气安全	《液化石油气储运》（SY/T 6356-2010） 6.18.2.2 建筑内部使用时，软管应可见，不应用于隐蔽的位置	
		主要危害	**整改措施**
		不利于软管检查保护	限期整改 将软管置于明显位置

NO.W156 软管易受机械损伤

生产安全事故隐患档案卡

隐患描述	气瓶软管容易受到机械损伤	援引依据	
隐患类型	燃气安全	《液化石油气储运》（SY/T 6356-2010） 6.18.2.8 软管应避免机械损伤	
		主要危害	**整改措施**
		容易导致漏气	限期整改 将软管进行必要保护

NO.W157 气瓶置于楼梯处

生产安全事故隐患档案卡

隐患描述	气瓶放在楼梯处	援引依据	
隐患类型	燃气安全	《液化石油气储运》（SY/T 6356–2010）8.2.1.3 为使人员能安全地撤离，存放在建筑物内的气瓶不应放置在接近出口、楼梯处，也不应放置在正常使用和打算使用的地方	
		主要危害	整改措施
		不利于气瓶保护，也不利于人员通行和操作	限期整改 将气瓶放置在正确位置

NO.W158 气瓶置于通道处

生产安全事故隐患档案卡

隐患描述	气瓶放在通道处	援引依据	
隐患类型	燃气安全	《液化石油气储运》（SY/T 6356–2010）8.2.1.3 为使人员能安全地撤离，存放在建筑物内的气瓶不应放置在接近出口、楼梯处，也不应放置在正常使用和打算使用的地方	
		主要危害	整改措施
		不利于气瓶保护，也不利于人员通行和操作	限期整改 将气瓶放置于正确位置

NO.W159 气瓶周围有杂物（五）

生产安全事故隐患档案卡

隐患描述	气瓶附近存放杂物	援引依据
隐患类型	燃气安全	《液化石油气安全管理暂行规定》第28条 钢瓶应放在通风良好的地方，附近不得堆放杂物

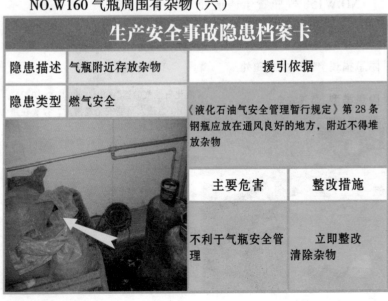

主要危害	整改措施
不利于气瓶安全管理	立即整改 清除杂物

NO.W160 气瓶周围有杂物（六）

生产安全事故隐患档案卡

隐患描述	气瓶附近存放杂物	援引依据
隐患类型	燃气安全	《液化石油气安全管理暂行规定》第28条 钢瓶应放在通风良好的地方，附近不得堆放杂物

主要危害	整改措施
不利于气瓶安全管理	立即整改 清除杂物

NO.W161 气瓶周围有杂物（七）

生产安全事故隐患档案卡

隐患描述	气瓶附近存放杂物	援引依据	
隐患类型	燃气安全	《液化石油气安全管理暂行规定》第28条 钢瓶应放在通风良好的地方，附近不得堆放杂物	
		主要危害	整改措施
		不利于气瓶安全管理	立即整改 清除杂物

NO.W162 违规加热气瓶

生产安全事故隐患档案卡

隐患描述	违规对气瓶加热	援引依据	
隐患类型	燃气安全	《液化石油气安全管理暂行规定》第28条 钢瓶严禁倒置使用严禁用火、蒸汽、热水以及其他热源直接对钢瓶加热	
		主要危害	整改措施
		气瓶压力改变	立即整改 停止加热作业

第四篇

焊接与热切割类

NO.H001 焊接区缺少警告标志

生产安全事故隐患档案卡

隐患描述	焊接区未标明和设警告标志	援引依据	
隐患类型	作业防护	《焊接与切割安全》（GB 9448–1999）4.1.2 焊接和切割区域必须予以明确标明，并且应有必要的警告标志	

主要危害	整改措施
不能对危险作业给予明示和警示	限期整改 标明区域，设置警示标志

NO.H002 焊工未戴护目镜

生产安全事故隐患档案卡

隐患描述	作业人员未佩戴护目设备	援引依据	
隐患类型	个人防护	《焊接与切割安全》（GB 9448–1999）4.2.1 作业人员在观察电弧时；必须使用带有滤光镜的头罩或手持面罩，或佩戴安全镜、护目镜或其他合适的眼镜	

主要危害	整改措施
造成职业危害	立即整改 按要求使用面罩等

NO.H003 辅助人员未戴护目镜

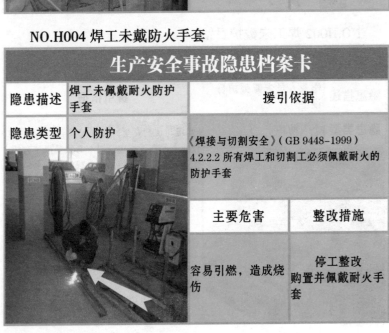

生产安全事故隐患档案卡		
隐患描述	辅助作业人员未佩戴护目设备	援引依据
隐患类型	个人防护	《焊接与切割安全》（GB 9448–1999）4.2.1 作业人员在观察电弧时；必须使用带有滤光镜的头罩或手持面罩，或佩戴安全镜、护目镜或其他合适的眼镜，辅助人员亦应佩戴类似的眼保护装置
	主要危害	**整改措施**
	造成职业危害	立即整改按要求使用面罩等

NO.H004 焊工未戴防火手套

生产安全事故隐患档案卡		
隐患描述	焊工未佩戴耐火防护手套	援引依据
隐患类型	个人防护	《焊接与切割安全》（GB 9448–1999）4.2.2.2 所有焊工和切割工必须佩戴耐火的防护手套
	主要危害	**整改措施**
	容易引燃，造成烧伤	停工整改购置并佩戴耐火手套

NO.H005 焊接区缺少消防器材

生产安全事故隐患档案卡

隐患描述	焊接作业区未配备灭火器材	援引依据	
隐患类型	消防安全	《焊接与切割安全》（GB 9448–1999）6.4.1 在进行焊接及切割操作的地方必须配置足够的灭火设备	
		主要危害	整改措施
		不能进行应急处置	立即整改 配备灭火器等

NO.H006 油污布接触氧气瓶

生产安全事故隐患档案卡

隐患描述	油污抹布触碰氧气瓶	援引依据	
隐患类型	危险化学品	《焊接与切割安全》（GB 9448–1999）10.1.2 严禁用沾有油污的手、或带有油迹的手套去触碰氧气瓶或氧气设备	
		主要危害	整改措施
		容易引发爆炸	立即整改 消除油污材料，对氧气瓶进行检查

NO.H007 软管破损（一）

生产安全事故隐患档案卡

隐患描述	软管破损	援引依据

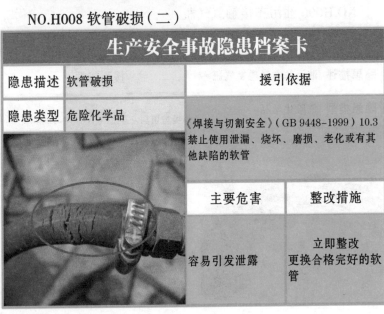

隐患类型	危险化学品	《焊接与切割安全》（GB 9448–1999）10.3 禁止使用泄漏、烧坏、磨损、老化或有其他缺陷的软管

主要危害	整改措施
容易引发泄漏	立即整改 更换合格完好的软管

NO.H008 软管破损（二）

生产安全事故隐患档案卡

隐患描述	软管破损	援引依据
隐患类型	危险化学品	《焊接与切割安全》（GB 9448–1999）10.3 禁止使用泄漏、烧坏、磨损、老化或有其他缺陷的软管

主要危害	整改措施
容易引发泄露	立即整改 更换合格完好的软管

NO.H009 铁丝代替夹具

生产安全事故隐患档案卡		
隐患描述	未使用专用夹具	**援引依据**
隐患类型	危险化学品	

	《焊接与切割安全》（GB 9448–1999）10.4 减压器在气瓶上应安装合理、牢固采用螺纹连接时，应拧足五个螺扣以上；采用专门的夹具压紧时，装卡应平整牢固	
主要危害		**整改措施**
软管连接不牢固容易引发泄露		立即整改采用专用夹具压紧

NO.H010 减压器损坏

生产安全事故隐患档案卡		
隐患描述	减压器损坏，不合格	**援引依据**
隐患类型	危险化学品	
	《焊接与切割安全》（GB 9448–1999）10.4 只有经过检验合格的减压器才允许使用	
主要危害		**整改措施**
无法准确显示气瓶压力		停业整改更换检验合格的减压器

NO.H011 未装回火阀

生产安全事故隐患档案卡

隐患描述	未安装回火阀	援引依据	
隐患类型	危险化学品	《焊接与切割安全》（GB 9448–1999）10.4 同时使用两种气体进行焊接或切割时，不同气瓶减压器的出口端都应装上各自的单向阀，以防止气流相互倒灌	
		主要危害	**整改措施**
		出现气体互相倒灌，引发爆燃爆炸	限期整改 购置并安装单向阀

NO.H012 气瓶标识不清

生产安全事故隐患档案卡

隐患描述	气瓶标识不清	援引依据	
隐患类型	危险化学品	《焊接与切割安全》（GB 9448–1999）10.5.2 为了便于识别气瓶内的气体成分，气瓶必须按 GB 7144 规定做明显标志其标识必须清晰，不易去除，标识模糊不清的气瓶禁止使用	
		主要危害	**整改措施**
		不利于准确辨识气体成分，容易导致误操作	限期整改 设置明显的标志

NO.H013 气瓶存放过道

生产安全事故隐患档案卡

隐患描述	气瓶存放在过道处	援引依据	
隐患类型	危险化学品	《焊接与切割安全》（GB 9448-1999） 10.5.3 气瓶必须储放在远离电梯、楼梯或过道，不会被经过或倾倒的物体碰翻或损坏的指定地点，在储存时气瓶必须稳固以免翻倒	
		主要危害	**整改措施**
		对气瓶造成机械伤害，引发事故	限期整改 将气瓶移至安全地点

NO.H014 气瓶倾倒存放

生产安全事故隐患档案卡

隐患描述	气瓶翻倒存放	援引依据	
隐患类型	危险化学品	《焊接与切割安全》（GB 9448-1999） 10.5.3 气瓶必须储放在远离电梯、楼梯或过道，不会被经过或倾倒的物体碰翻或损坏的指定地点，在储存时气瓶必须稳固以免翻倒	
		主要危害	**整改措施**
		对气瓶造成机器伤害，引发事故	限期整改 将气瓶已至安全地点

NO.H015 气瓶存放通道

生产安全事故隐患档案卡		
隐患描述	气瓶存放在通道处	援引依据
隐患类型	危险化学品	《焊接与切割安全》（GB 9448-1999） 10.5.3 气瓶必须储放在远离电梯、楼梯或过道，不会被经过或倾倒的物体碰翻或损坏的指定地点，在储存时气瓶必须稳固以免翻倒
	主要危害	整改措施
	对气瓶造成机器伤害，引发事故	限期整改 将气瓶移至安全地点

NO.H016 气瓶距可燃物近

生产安全事故隐患档案卡		
隐患描述	气瓶与可燃物距离过近	援引依据
隐患类型	危险化学品	《焊接与切割安全》（GB 9448-1999） 10.5.3 气瓶在储存时必须与可燃物，易燃液体隔离，并且远离容易引燃的材料（诸如木材、纸张、包装材料、油脂等）至少6 m 以上
	主要危害	整改措施
	容易引燃，造成火灾	立即整改 保持安全距离

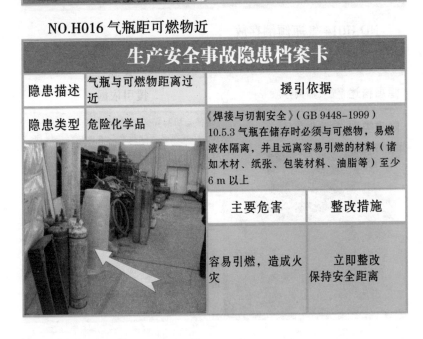

NO.H017 气瓶距危化品近

生产安全事故隐患档案卡		
隐患描述	气瓶与危化品未隔离储存	援引依据
隐患类型	危险化学品	《焊接与切割安全》（GB 9448–1999）

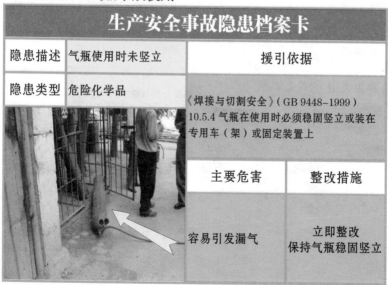

	10.5.3 瓶在储存时必须与可燃物，易燃液体隔离，并且远离容易引燃的材料（诸如木材、纸张、包装材料、油脂等）至少6 m以上	
	主要危害	整改措施
	容易引燃，造成火灾	立即整改保持安全距离

NO.H018 气瓶平放使用

生产安全事故隐患档案卡		
隐患描述	气瓶使用时未竖立	援引依据
隐患类型	危险化学品	《焊接与切割安全》（GB 9448–1999）10.5.4 气瓶在使用时必须稳固竖立或装在专用车（架）或固定装置上
	主要危害	整改措施
	容易引发漏气	立即整改保持气瓶稳固竖立

NO.H019 未使用气瓶专用 车

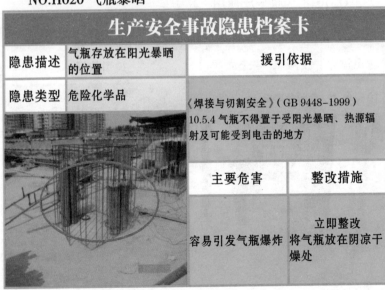

生产安全事故隐患档案卡		
隐患描述	气瓶未放置在专用车上	援引依据
隐患类型	危险化学品	《焊接与切割安全》（GB 9448–1999）10.5.4 气瓶在使用时必须稳固竖立或装在专用车（架）或固定装置上
	主要危害	整改措施
	容易引发气瓶碰撞	立即整改 将气瓶放在专用车上或支架上

NO.H020 气瓶暴晒

生产安全事故隐患档案卡		
隐患描述	气瓶存放在阳光暴晒的位置	援引依据
隐患类型	危险化学品	《焊接与切割安全》（GB 9448–1999）10.5.4 气瓶不得置于受阳光暴晒、热源辐射及可能受到电击的地方
	主要危害	整改措施
	容易引发气瓶爆炸	立即整改 将气瓶放在阴凉干燥处

NO.H021 气瓶距作业点近

生产安全事故隐患档案卡

隐患描述	气瓶与实际作业点距离过近	援引依据	
隐患类型	危险化学品	《焊接与切割安全》（GB 9448-1999） 10.5.4 气瓶必须距离实际焊接或切割作业点足够远（一般为 5 m 以上），以免接触火花、热渣或火焰，否则必须提供耐火屏障	
		主要危害	整改措施
		容易接触火花、热渣等而引起爆燃	立即整改 调整气瓶与作业点的距离

NO.H022 气瓶距散热器近

生产安全事故隐患档案卡

隐患描述	气瓶与散热器距离过近	援引依据	
隐患类型	危险化学品	《焊接与切割安全》（GB 9448-1999） 10.5.4 气瓶必须远离散热器、管路系统、电路排线等，及可能供接地（如电焊机）的物体	
		主要危害	整改措施
		气瓶加热，引起气质变化	限期整改 将气瓶移至安全地点

NO.H023 未使用专用扳手（一）

生产安全事故隐患档案卡

隐患描述	未使用专用扳手启闭气瓶	援引依据
隐患类型	危险化学品	《焊接与切割安全》（GB 9448–1999）10.5.4 气瓶应配置手轮或专用扳手启闭瓶阀

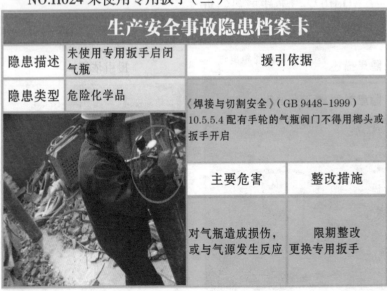

主要危害	整改措施
对气瓶造成损伤，或与气源发生反应	限期整改更换专用扳手

NO.H024 未使用专用扳手（二）

生产安全事故隐患档案卡

隐患描述	未使用专用扳手启闭气瓶	援引依据
隐患类型	危险化学品	《焊接与切割安全》（GB 9448–1999）10.5.5.4 配有手轮的气瓶阀门不得用榔头或扳手开启

主要危害	整改措施
对气瓶造成损伤，或与气源发生反应	限期整改更换专用扳手

NO.H025 气瓶上端放置物品

生产安全事故隐患档案卡

隐患描述	气瓶使用时上端放置物品	援引依据	
隐患类型	危险化学品	《焊接与切割安全》（GB 9448-1999） 10.5.6气瓶在使用时，其上端禁止放置物品，以免损坏安全装置或妨碍阀门的迅速关闭	
		主要危害	整改措施
		损坏装置，不利于迅速关闭阀门	立即整改移除物品

NO.H026 焊接区存放易燃品

生产安全事故隐患档案卡

隐患描述	焊接区域存放易燃品	援引依据	
隐患类型	危险化学品	《焊接与切割安全》（GB 9448-1999） 11.2.1 设备的工作环境与其技术说明书规定相符，安放在通风、干燥、无碰撞或无剧烈震动、无高温、无易燃品存在的地方	
		主要危害	整改措施
		焊接火花容易引燃易燃物品	立即整改将易燃品放置安全距离外的地方

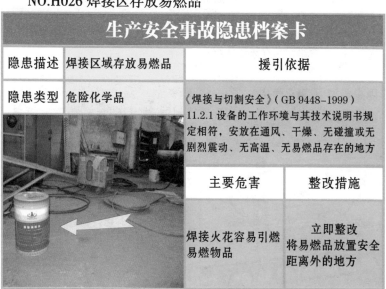

NO.H027 焊接设备易被碰撞（一）

	生产安全事故隐患档案卡		
隐患描述	焊接设备存放在易碰撞区域	援引依据	
隐患类型	危险化学品	《焊接与切割安全》（GB 9448–1999）11.2.1 设备的工作环境与其技术说明书规定相符，安放在通风、干燥、无碰撞或无剧烈震动、无高温、无易燃品存在的地方	
		主要危害	整改措施
		对气瓶造成机械伤害	立即整改将气瓶放至安全距离外的地方

NO.H028 焊接设备易被碰撞（二）

	生产安全事故隐患档案卡		
隐患描述	焊接设备存放在易碰撞区域	援引依据	
隐患类型	危险化学品	《焊接与切割安全》（GB 9448–1999）11.2.1 设备的工作环境与其技术说明书规定相符，安放在通风、干燥、无碰撞或无剧烈震动、无高温、无易燃品存在的地方	
		主要危害	整改措施
		对气瓶造成机械伤害	立即整改将气瓶移到安全距离外的地方

NO.H029 焊机缺少防护罩

生产安全事故隐患档案卡		
隐患描述	焊机带电部分无防护罩	援引依据
隐患类型	电气隐患	《焊接与切割安全》（GB 9448–1999）11.2.4 弧焊设备外露的带电部分必须设置完好的保护，以防人员或金属物体（如货车、起重机吊钩等）与之相接触
		主要危害 / 整改措施
		容易引发触电 / 限期整改 设置防护罩

NO.H030 回路电缆破损（一）

生产安全事故隐患档案卡		
隐患描述	电缆外皮损坏，绝缘不良	援引依据
隐患类型	电气隐患	《焊接与切割安全》（GB 9448–1999）11.4.2 构成焊接回路的电缆外皮必须完整、绝缘良好（绝缘电阻大于 1 MΩ）
		主要危害 / 整改措施
		容易引发触电 / 限期整改 更换外皮完整、绝缘良好的电缆

NO.H031 回路电缆破损（二）

生产安全事故隐患档案卡		
隐患描述	电缆外皮损坏，绝缘不良	**援引依据**
隐患类型	电气隐患	《焊接与切割安全》（GB 9448–1999） 11.4.2 构成焊接回路的电缆外皮必须完整、绝缘良好（绝缘电阻大于 1 MΩ）
	主要危害	**整改措施**
	容易引发触电	限期整改 更换外皮完整、绝缘良好的电缆

NO.H032 焊机电缆有接头（一）

生产安全事故隐患档案卡		
隐患描述	焊接导线有接头	**援引依据**
隐患类型	电气安全	《焊接与切割安全》（GB 9448–1999） 11.4.3 焊机的电缆应使用整根导线，尽量不带连接接头，需要接长导线时，接头处要连接牢固、绝缘良好
	主要危害	**整改措施**
	保证绝缘良好	立即整改 使用整根导线

NO.H033 焊机电缆有接头（二）

生产安全事故隐患档案卡

隐患描述	焊接导线有接头	援引依据	
隐患类型	电气安全	《焊接与切割安全》（GB 9448–1999）11.4.3 焊机的电缆应使用整根导线，尽量不带连接接头，需要接长导线时，接头处要连接牢固、绝缘良好	
		主要危害	整改措施
		保证绝缘良好	立即整改使用整根导线

NO.H034 电缆搭在气瓶上

生产安全事故隐患档案卡

隐患描述	焊接回路搭在气瓶上	援引依据	
隐患类型	电气隐患	《焊接与切割安全》（GB 9448–1999）11.4.4 构成焊接回路的电缆禁止搭在气瓶等易燃品上，禁止与油脂等易燃物质接触，在经过通道、马路时，必须采取保护措施（如：使用保护套）	
		主要危害	整改措施
		发生漏电，引燃危化品	立即整改将焊接回路进行规范架设

NO.H035 焊接回路过通道无保护

生产安全事故隐患档案卡		
隐患描述	焊接回路经过通道无保护	援引依据
隐患类型	电气隐患	《焊接与切割安全》（GB 9448-1999）11.4.4 构成焊接回路的电缆禁止搭载气瓶等易燃品上，禁止与油脂等易燃物质接触，在经过通道、马路时，必须采取保护措施（如：使用保护套）
		主要危害	整改措施
		对电缆产生机械伤害	立即整改将焊接回路进行规范架设和保护

NO.H036 金属支架作焊接回路

生产安全事故隐患档案卡		
隐患描述	金属支架作焊接回路	援引依据
隐患类型	电气安全	《焊接与切割安全》（GB 9448-1999）11.4.5 能导电的物体（如：管道、轨道、金属支架、暖气设备等）不得用作焊接回路的永久部分
		主要危害	整改措施
		保持焊接电流的稳定性	立即整改规范进行回路敷设

NO.H037 脚手架作焊接回路

生产安全事故隐患档案卡

隐患描述	脚手架作焊接回路	援引依据	
隐患类型	电气安全	《焊接与切割安全》（GB 9448-1999）11.4.5 能导电的物体（如：管道、轨道、金属支架、暖气设备等）不得用作焊接回路的永久部分	
		主要危害	整改措施
		保持焊接电流的稳定性	立即整改 规范进行回路敷设

NO.H038 电缆盘卷使用

生产安全事故隐患档案卡

隐患描述	盘卷电缆未展开使用	援引依据	
隐患类型	电气隐患	《焊接与切割安全》（GB 9448-1999）11.5.2 盘卷的焊接电缆在使用之前应展开以免过热或绝缘损坏	
		主要危害	整改措施
		电缆温度过热，导致绝缘损坏	立即整改 将电缆展开

NO.H039 焊条未从焊钳取下

生产安全事故隐患档案卡		
隐患描述	焊条未从焊钳上取下	援引依据
隐患类型	电气安全	《焊接与切割安全》（GB 9448–1999）11.5.6 金属焊条和碳极在不用时必须从焊钳上取下以消除人员或导电物体的触电危险
		主要危害 / 整改措施
	有触电风险	立即整改 停用时，将焊条取下

NO.H040 焊钳易接触人员

生产安全事故隐患档案卡		
隐患描述	焊钳放置位置存在接触危险	援引依据
隐患类型	电气安全	《焊接与切割安全》（GB 9448–1999）11.5.6 焊钳在不使用时必须置于与人员、导电体、易燃物体或压缩空气瓶接触不到的地方
		主要危害 / 整改措施
	有触电危险	立即整改 停用时，将焊钳放在人接触不到的地方

NO.H041 焊钳带电部件裸露

<table>
<tr><td colspan="4" align="center">生产安全事故隐患档案卡</td></tr>
<tr><td>隐患描述</td><td>焊钳带电金属部件裸露</td><td colspan="2" align="center">援引依据</td></tr>
<tr><td>隐患类型</td><td>电气隐患</td><td colspan="2" rowspan="3">《焊接与切割安全》（GB 9448-1999）
11.5.7.1 禁止焊条或焊钳上带电金属部件与身体相接触</td></tr>
<tr><td rowspan="4"></td><td rowspan="4"></td></tr>
<tr></tr>
<tr><td align="center">主要危害</td><td align="center">整改措施</td></tr>
<tr><td align="center">容易引发触电</td><td align="center">限期整改
进行绝缘保护</td></tr>
</table>

NO.H042 焊工与工件电接触

<table>
<tr><td colspan="4" align="center">生产安全事故隐患档案卡</td></tr>
<tr><td>隐患描述</td><td>焊工与工件未采取绝缘保护</td><td colspan="2" align="center">援引依据</td></tr>
<tr><td>隐患类型</td><td>个人防护</td><td colspan="2" rowspan="3">《焊接与切割安全》（GB 9448-1999）
11.5.7.2 焊工必须用干燥的绝缘材料保护自己免除与工件或地面可能产生的电接触</td></tr>
<tr><td rowspan="4"></td><td rowspan="4"></td></tr>
<tr></tr>
<tr><td align="center">主要危害</td><td align="center">整改措施</td></tr>
<tr><td align="center">产生触电危险</td><td align="center">立即整改
焊工与工件间进行
绝缘处理</td></tr>
</table>

NO.H043 焊工未戴手套

生产安全事故隐患档案卡		
隐患描述	未使用手套	援引依据
隐患类型	个人防护	《焊接与切割安全》（GB 9448–1999）11.5.7.3 要求使用状态良好的，足够干燥的手套
	主要危害	整改措施
	触电风险和灼烧风险	限期整改 购置和佩戴耐火手套

NO.H044 户外焊接无保护

生产安全事故隐患档案卡		
隐患描述	户外焊接设备无保护	援引依据
隐患类型	机械设备	《焊接与切割安全》（GB 9448–1999）11.6.1.2 为了防止恶劣气候的影响，露天使用的焊接设备应予以保护，保护罩不得妨碍其散热通风
	主要危害	整改措施
	对焊机造成损伤，出现故障的危险	限期整改 设置防护棚

NO.H045 焊接电缆损坏

生产安全事故隐患档案卡

隐患描述	损坏电缆未及时更换修复	援引依据	
隐患类型	电气隐患	《焊接与切割安全》（GB 9448-1999）11.6.3 焊接电缆必须经常进行检查，损坏的电缆必须及时更换或修复	
		主要危害	**整改措施**
		容易引发漏电触电	限期整改更换电缆

NO.H046 乙炔软管颜色错误

生产安全事故隐患档案卡

隐患描述	乙炔瓶未使用规定颜色软管	援引依据	
隐患类型	危险化学品	《气体焊接设备 焊接、切割和类似作业用橡胶软管》（GB/T 2550-2016）10.2 乙炔和其他可燃性气体（除 LPG、MPS、天然气、甲烷外）的软管颜色为红色.	
		主要危害	**整改措施**
		产生误导识别	限期整改更换为红色软管

NO.H047 氧气软管颜色错误

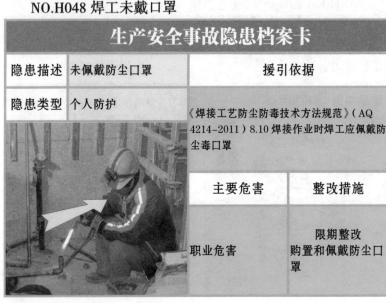

生产安全事故隐患档案卡		
隐患描述	氧气瓶未使用规定颜色软管	援引依据
隐患类型	危险化学品	《气体焊接设备 焊接、切割和类似作业用橡胶软管》（GB/T 2550-2016）10.2 氧气的软管颜色为蓝色
	主要危害	整改措施
	产生误导识别	限期整改更换为蓝色软管

NO.H048 焊工未戴口罩

生产安全事故隐患档案卡		
隐患描述	未佩戴防尘口罩	援引依据
隐患类型	个人防护	《焊接工艺防尘防毒技术方法规范》（AQ 4214-2011）8.10 焊接作业时焊工应佩戴防尘毒口罩
	主要危害	整改措施
	职业危害	限期整改购置和佩戴防尘口罩

NO.H049 焊工未穿绝缘鞋

<table>
<tr><td colspan="3">生产安全事故隐患档案卡</td></tr>
<tr><td>隐患描述</td><td>焊工未穿绝缘鞋</td><td colspan="2">援引依据</td></tr>
<tr><td>隐患类型</td><td>个人防护</td><td colspan="2" rowspan="2">《个体防护装备选用规范》（GB/T 11651–2008）</td></tr>
<tr><td colspan="2" rowspan="3"></td></tr>
<tr><td>主要危害</td><td>整改措施</td></tr>
<tr><td>不能进行绝缘保护</td><td>限期整改
购置和穿上绝缘鞋</td></tr>
</table>

NO.H050 接线方式错误

<table>
<tr><td colspan="3">生产安全事故隐患档案卡</td></tr>
<tr><td>隐患描述</td><td>接线端接线方式不正确</td><td colspan="2">援引依据</td></tr>
<tr><td>隐患类型</td><td>电气隐患</td><td colspan="2" rowspan="2">《弧焊设备 第1部分：焊接电源》（GB 15579.1–2013）接线端须通过螺丝、螺帽或其他相当方式连接接线端的螺丝和螺帽不能用于紧固其他零件或连接其他导线</td></tr>
<tr><td colspan="2" rowspan="3"></td></tr>
<tr><td>主要危害</td><td>整改措施</td></tr>
<tr><td>不能稳固可靠连接</td><td>立即整改
采用螺丝螺帽进行连接</td></tr>
</table>

NO.H051 接线不牢固

生产安全事故隐患档案卡

隐患描述	接线端接线不牢固，容易松脱	援引依据	
隐患类型	电气隐患	《弧焊设备第1部分：焊接电源》（GB 15579.1-2013）导线或其金属片应夹在金属件之间，当夹件拧紧后不能松脱	
		主要危害	整改措施
		不能稳固可靠连接	立即整改紧固连接

NO.H052 乙炔瓶缺少防震圈

生产安全事故隐患档案卡

隐患描述	乙炔瓶缺少防震圈	援引依据	
隐患类型	危险化学品	《溶解乙炔气瓶安全监察规程》第28条 乙炔瓶附件包括瓶阀、易熔合金塞、瓶帽、防震圈和检验标记环	
		主要危害	整改措施
		在使用过程中容易因碰撞、跌倒而引起爆炸	立即整改按要求加装规定附件

NO.H053 乙炔存储过量

生产安全事故隐患档案卡

隐患描述	使用现场存储乙炔量超过规定	援引依据	
隐患类型	危险化学品	《溶解乙炔气瓶安全监察规程》第63条 使用乙炔瓶的现场，乙炔气的储存量不得超过30 m³（相当5瓶，指公称容积为40 L的乙炔瓶）	
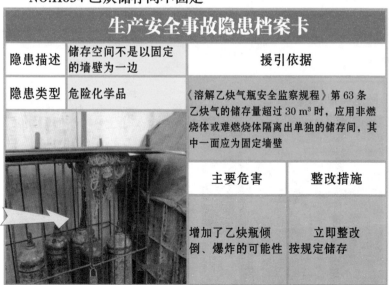		**主要危害**	**整改措施**
		增加了发生事故的可能性和危害性	立即整改 将超出规定的乙炔瓶搬离使用现场

NO.H054 乙炔储存间不固定

生产安全事故隐患档案卡

隐患描述	储存空间不是以固定的墙壁为一边	援引依据	
隐患类型	危险化学品	《溶解乙炔气瓶安全监察规程》第63条 乙炔气的储存量超过30 m³时，应用非燃烧体或难燃烧体隔离出单独的储存间，其中一面应为固定墙壁	
		主要危害	**整改措施**
		增加了乙炔瓶倾倒、爆炸的可能性	立即整改 按规定储存

NO.H055 乙炔瓶未采取防倒措施

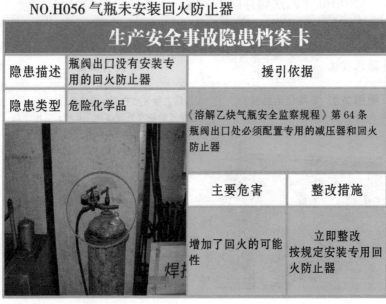

生产安全事故隐患档案卡

隐患描述	乙炔瓶缺少防倒措施	援引依据
隐患类型	危险化学品	《溶解乙炔气瓶安全监察规程》第 64 条 乙炔瓶使用时，必须直立，并应采取措施防止倾倒，严禁卧放使用

主要危害	整改措施
乙炔瓶在使用过程中可能发生倾倒，进而发生爆炸	立即整改 按规定对乙炔瓶采取防倾倒措施

NO.H056 气瓶未安装回火防止器

生产安全事故隐患档案卡

隐患描述	瓶阀出口没有安装专用的回火防止器	援引依据
隐患类型	危险化学品	《溶解乙炔气瓶安全监察规程》第 64 条 瓶阀出口处必须配置专用的减压器和回火防止器

主要危害	整改措施
增加了回火的可能性	立即整改 按规定安装专用回火防止器

焊扩

第五篇

建筑施工类

NO.J001 未及时清理杂物

生产安全事故隐患档案卡

隐患描述	杂物未及时清理	援引依据	
隐患类型	场所环境	《建筑施工高处作业安全技术规范》（JGJ 80–2016）3.0.6 拆卸下的物料及余料和废料应及时清理运走，不得任意放置和向下丢弃	
		主要危害	整改措施
		容易发生坠物伤人	限期整改 按规定对杂物进行清理

NO.J002 临边作业未设防护栏（一）

生产安全事故隐患档案卡

隐患描述	临边作业没有设置防护栏杆	援引依据	
隐患类型	作业防护	《建筑施工高处作业安全技术规范》（JGJ 80–2016）4.1.1 坠落高度基准面 2 m 及以上进行临边作业时，应在临空一侧设置防护栏杆，并应采用密目式安全立网或工具式栏板封闭	
		主要危害	整改措施
		容易发生高空坠落事故	限期整改 按规定加装防护栏杆和密目网

NO.J003 临边作业缺少防护栏

生产安全事故隐患档案卡		
隐患描述	临边作业没有设置防护栏杆	援引依据
隐患类型	作业防护	《建筑施工高处作业安全技术规范》（JGJ 80-2016）4.1.1 坠落高度基准面 2 m 及以上进行临边作业时，应在临空一侧设置防护栏杆，并应采用密目式安全立网或工具式栏板封闭

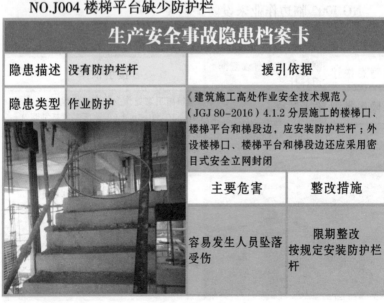

主要危害	整改措施
容易发生高空坠落事故	限期整改 按规定加装防护栏杆和密目网

NO.J004 楼梯平台缺少防护栏

生产安全事故隐患档案卡		
隐患描述	没有防护栏杆	援引依据
隐患类型	作业防护	《建筑施工高处作业安全技术规范》（JGJ 80-2016）4.1.2 分层施工的楼梯口、楼梯平台和梯段边，应安装防护栏杆；外设楼梯口、楼梯平台和梯段边还应采用密目式安全立网封闭
	主要危害	整改措施
	容易发生人员坠落受伤	限期整改 按规定安装防护栏杆

NO.J005 楼梯口未设防护栏

生产安全事故隐患档案卡

隐患描述	没有防护栏杆	援引依据	
隐患类型	作业防护	《建筑施工高处作业安全技术规范》（JGJ 80-2016）4.1.2 分层施工的楼梯口、楼梯平台和梯段边，应安装防护栏杆；外设楼梯口、楼梯平台和梯段边还应采用密目式安全立网封闭	
		主要危害	整改措施
		容易发生人员坠落受伤	限期整改 按规定安装防护栏杆

NO.J006 建筑外围缺少安全网

生产安全事故隐患档案卡

隐患描述	没有安全网	援引依据	
隐患类型	作业防护	《建筑施工高处作业安全技术规范》（JGJ 80-2016）4.1.3 建筑物外围边沿处，应采用密目式安全立网进行全封闭，没有外脚手架的工程，应采用密目式安全立网将临边全封闭	
		主要危害	整改措施
		容易发生人员坠落受伤	限期整改 按规定安装安全网

NO.J007 安全网破损

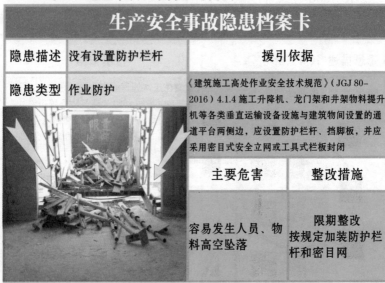

生产安全事故隐患档案卡	
隐患描述 安全网破损	**援引依据**
隐患类型 作业防护	《建筑施工高处作业安全技术规范》（JGJ 80-2016）4.1.3 建筑物外围边沿处，应采用密目式安全立网进行全封闭，有外脚手架的工程，密目式安全立网应设置在脚手架外侧立杆上，并与脚手杆紧密连接；没有外脚手架的工程，应采用密目式安全立网将临边全封闭
	主要危害 / **整改措施**
	容易发生人员坠落受伤 / 限期整改 更换完好的、符合规定的安全网

NO.J008 通道平台两侧缺少防护栏

生产安全事故隐患档案卡	
隐患描述 没有设置防护栏杆	**援引依据**
隐患类型 作业防护	《建筑施工高处作业安全技术规范》（JGJ 80-2016）4.1.4 施工升降机、龙门架和井架物料提升机等各类垂直运输设备设施与建筑物间设置的通道平台两侧边，应设置防护栏杆、挡脚板，并应采用密目式安全立网或工具式栏板封闭
	主要危害 / **整改措施**
	容易发生人员、物料高空坠落 / 限期整改 按规定加装防护栏杆和密目网

NO.J009 防护门缺少防外开装置

生产安全事故隐患档案卡

隐患描述	防护门没有防外开装置	援引依据	
隐患类型	作业防护	《建筑施工高处作业安全技术规范》（JGJ 80-2016）4.1.5 各类垂直运输接料平台口应设置高度不低于 1.8 m 的楼层防护门，并应设置防外开装置	
		主要危害	**整改措施**
		容易发生物料坠落	限期整改 按规定加装防外开装置

NO.J010 接料平台未设防护门

生产安全事故隐患档案卡

隐患描述	没有防护门	援引依据	
隐患类型	作业防护	《建筑施工高处作业安全技术规范》（JGJ 80-2016）4.1.5 各类垂直运输接料平台口应设置高度不低于 1.8 m 的楼层防护门，并应设置防外开装置	
		主要危害	**整改措施**
		容易发生物料坠落	限期整改 按规定加装防护门

NO.J011 洞孔未封堵

生产安全事故隐患档案卡

隐患描述	垂直洞孔未封堵	援引依据	
隐患类型	作业防护	《建筑施工高处作业安全技术规范》（JGJ 80-2016）4.2.1 垂直洞口短边边长小于 500 mm 时，应采取封堵措施	
		主要危害	整改措施
		容易发生人员、物料坠落	限期整改 按规定进行封堵

NO.J012 洞孔缺少防护栏

生产安全事故隐患档案卡

隐患描述	没有防护栏杆	援引依据	
隐患类型	作业防护	《建筑施工高处作业安全技术规范》（JGJ 80-2016）4.2.1 当垂直洞口短边边长大于或等于 500 mm 时，应在临空一侧设置高度不小于 1.2 m 的防护栏杆，并采用密目式安全立网或工具式栏板封闭，设置挡脚板	
		主要危害	整改措施
		容易发生人员、物料坠落	限期整改 按规定设置防护栏杆

NO.J013 洞孔未遮盖

生产安全事故隐患档案卡

隐患描述	洞口没有遮盖	援引依据
隐患类型	作业防护	《建筑施工高处作业安全技术规范》（JGJ 80-2016）4.2.1 非垂直洞口短边尺寸为 25~500 mm 时，应采用专项设计盖板覆盖，并采取固定措施

主要危害	整改措施
容易发生工件伤人事故	限期整改 按规定采用盖板进行覆盖

NO.J014 洞孔未遮挡

生产安全事故隐患档案卡

隐患描述	洞口没有防护栏杆	援引依据
隐患类型	作业防护	《建筑施工高处作业安全技术规范》（JGJ 80-2016）4.2.1 非垂直洞口短边长大于或等于 1 500 mm 时，应在洞口作业侧设置高度不小于 1.2 m 的防护栏杆，并应采用密目式安全立网或工具式栏板封闭；洞口应采用安全平网封闭

主要危害	整改措施
容易发生人员坠落受伤	限期整改 按规定设置防护栏杆

NO.J015 电梯井口未设防护门

生产安全事故隐患档案卡		
隐患描述	电梯井口没有设置防护门	援引依据
隐患类型	作业防护	《建筑施工高处作业安全技术规范》（JGJ 80-2016）4.2.2 电梯井口应设置防护门，其高度不应小于 1.5 m，防护门底端距地面高度不应大于 50 mm，并应设置挡脚板

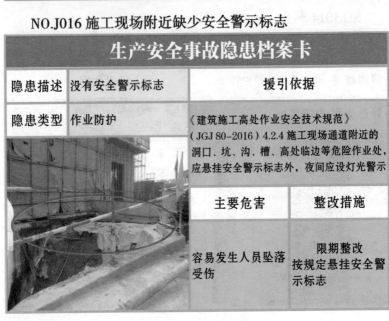

主要危害	整改措施
容易发生人员坠落受伤	限期整改按规定设置防护门

NO.J016 施工现场附近缺少安全警示标志

生产安全事故隐患档案卡		
隐患描述	没有安全警示标志	援引依据
隐患类型	作业防护	《建筑施工高处作业安全技术规范》（JGJ 80-2016）4.2.4 施工现场通道附近的洞口、坑、沟、槽、高处临边等危险作业处，应悬挂安全警示标志外，夜间应设灯光警示

主要危害	整改措施
容易发生人员坠落受伤	限期整改按规定悬挂安全警示标志

NO.J017 竖向洞口缺少防护栏

生产安全事故隐患档案卡

隐患描述	没有防护栏杆	援引依据	
隐患类型	作业防护	《建筑施工高处作业安全技术规范》（JGJ 80–2016）4.2.6 墙面等处落地的竖向洞口、窗台高度低于 800 mm 的竖向洞口及框架结构在浇注混凝土没有砌筑墙体时的洞口，应按临边防护要求设置防护栏杆	
		主要危害	整改措施
		容易发生人员坠落受伤	限期整改按规定设置防护栏杆

NO.J018 临边作业缺少挡脚板

生产安全事故隐患档案卡

隐患描述	没有挡脚板	援引依据	
隐患类型	作业防护	《建筑施工高处作业安全技术规范》（JGJ 80–2016）4.3.1 临边作业的防护栏杆应由横杆、立杆及不低于 180 mm 高的挡脚板组成	
		主要危害	整改措施
		容易发生人员、物料坠落	限期整改按规定设置挡脚板

NO.J019 防护栏缺少立杆

生产安全事故隐患档案卡		
隐患描述	没有设置立杆	**援引依据**
隐患类型	作业防护	《建筑施工高处作业安全技术规范》（JGJ 80–2016）4.3.1 临边作业的防护栏杆应由横杆、立杆及不低于 180 mm 高的挡脚板组成
		主要危害 · **整改措施**
	容易发生人员坠落事故	限期整改 按规定设置防护栏杆

NO.J020 防护栏缺少横杆

生产安全事故隐患档案卡		
隐患描述	缺少一道横杆	**援引依据**
隐患类型	作业防护	《建筑施工高处作业安全技术规范》（JGJ 80–2016）4.3.1 防护栏杆应为两道横杆，上杆距地面高度应为 1.2 m，下杆应在上杆和挡脚板中间设置。当防护栏杆高度大于 1.2 m 时，应增设横杆，横杆间距不应大于 600 mm
		主要危害 · **整改措施**
	容易发生人员坠落事故	限期整改 按规定设置防护栏杆

NO.J021 防护栏立杆间距大（一）

生产安全事故隐患档案卡

隐患描述	防护栏立杆间距大于 2 m	援引依据	
隐患类型	作业防护	《建筑施工高处作业安全技术规范》（JGJ 80–2016）4.3.1 防护栏杆立杆间距不应大于 2 m	
		主要危害	**整改措施**
		容易发生人员、物料坠落	限期整改 按规定设置防护栏杆

NO.J022 防护栏立杆底端未固定

生产安全事故隐患档案卡

隐患描述	立杆底端未固定	援引依据	
隐患类型	作业防护	《建筑施工高处作业安全技术规范》（JGJ 80–2016）4.3.2 防护栏杆立杆底端应固定牢固	
		主要危害	**整改措施**
		容易发生人员、物料坠落	限期整改 加固防护栏

NO.J023 防护栏缺少安全网

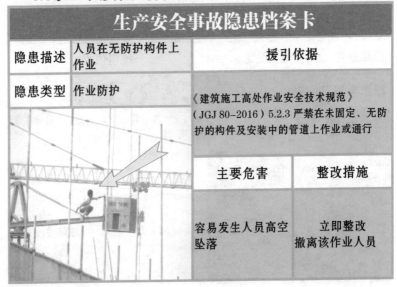

生产安全事故隐患档案卡			
隐患描述	防护栏未设置安全立网	援引依据	
隐患类型	作业防护	《建筑施工高处作业安全技术规范》（JGJ 80–2016）4.3.5 防护栏杆应张挂密目式安全立网	
		主要危害	整改措施
		容易发生人员、物料坠落	限期整改 按规定张挂密目安全立网

NO.J024 人员在无防护构件上作业

生产安全事故隐患档案卡			
隐患描述	人员在无防护构件上作业	援引依据	
隐患类型	作业防护	《建筑施工高处作业安全技术规范》（JGJ 80–2016）5.2.3 严禁在未固定、无防护的构件及安装中的管道上作业或通行	
		主要危害	整改措施
		容易发生人员高空坠落	立即整改 撤离该作业人员

NO.J025 防护栏高度不足

生产安全事故隐患档案卡

隐患描述	防护栏高度不够	援引依据	
隐患类型	作业防护	《建筑施工高处作业安全技术规范》（JGJ 80–2016）5.2.7 在坡度大于 1:2.2 的屋面上作业，当无外脚手架时，应在屋檐边设置不低于 1.5 m 高的防护栏杆，并应采用密目式安全立网全封闭	
		主要危害	整改措施
		容易发生人员高空坠落	立即整改按规定设置 1.5 m 高以上的防护栏

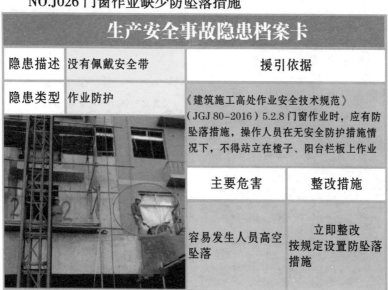

NO.J026 门窗作业缺少防坠落措施

生产安全事故隐患档案卡

隐患描述	没有佩戴安全带	援引依据	
隐患类型	作业防护	《建筑施工高处作业安全技术规范》（JGJ 80–2016）5.2.8 门窗作业时，应有防坠落措施，操作人员在无安全防护措施情况下，不得站立在橙子、阳台栏板上作业	
		主要危害	整改措施
		容易发生人员高空坠落	立即整改按规定设置防坠落措施

NO.J027 脚手架缺少脚手板

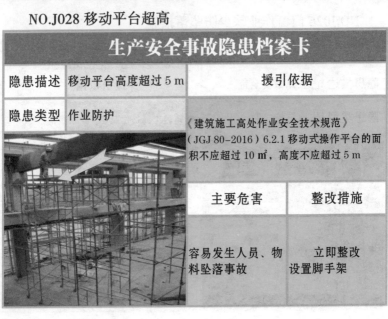

生产安全事故隐患档案卡		
隐患描述	缺少脚手板	援引依据
隐患类型	作业防护	《建筑施工高处作业安全技术规范》（JGJ 80-2016）6.1.3 平台面铺设的钢、木或竹胶合板等材质的脚手板，应符合强度要求，并应平整满铺及可靠固定
	主要危害	整改措施
	容易发生人员、物料坠落	立即整改 按规定铺满脚手板

NO.J028 移动平台超高

生产安全事故隐患档案卡		
隐患描述	移动平台高度超过5 m	援引依据
隐患类型	作业防护	《建筑施工高处作业安全技术规范》（JGJ 80-2016）6.2.1 移动式操作平台的面积不应超过 10 ㎡，高度不应超过 5 m
	主要危害	整改措施
	容易发生人员、物料坠落事故	立即整改 设置脚手架

NO.J029 通道口未设防护棚

生产安全事故隐患档案卡			
隐患描述	通道口没设置防护棚	援引依据	
隐患类型	作业防护	《建筑施工高处作业安全技术规范》（JGJ 80–2016）7.0.2 施工现场人员进出的通道口应搭设防护棚	
		主要危害	整改措施
		容易发生高空坠物伤人	限期整改按规定搭设防护棚

NO.J030 起重机臂回转范围内通道缺少防护棚

生产安全事故隐患档案卡			
隐患描述	通道没有设置防护棚	援引依据	
隐患类型	作业防护	《建筑施工高处作业安全技术规范》（JGJ 80–2016）7.0.3 处于起重设备的起重机臂回转范围之内的通道，顶部应搭设防护棚	
		主要危害	整改措施
		容易发生高空坠物伤人	限期整改按规定搭设防护棚

NO.J031 单层防护棚

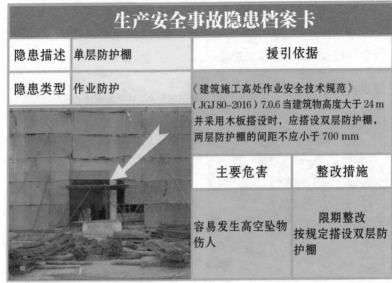

生产安全事故隐患档案卡		
隐患描述	单层防护棚	援引依据
隐患类型	作业防护	《建筑施工高处作业安全技术规范》（JGJ 80-2016）7.0.6 当建筑物高度大于 24 m 并采用木板搭设时，应搭设双层防护棚，两层防护棚的间距不应小于 700 mm
	主要危害	整改措施
	容易发生高空坠物伤人	限期整改 按规定搭设双层防护棚

NO.J032 密目网作平网使用

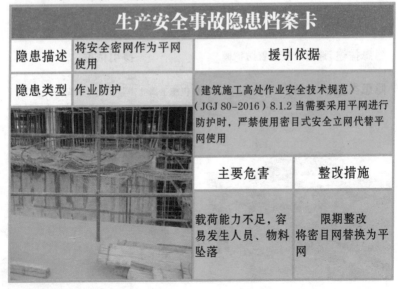

生产安全事故隐患档案卡		
隐患描述	将安全密网作为平网使用	援引依据
隐患类型	作业防护	《建筑施工高处作业安全技术规范》（JGJ 80-2016）8.1.2 当需要采用平网进行防护时，严禁使用密目式安全立网代替平网使用
	主要危害	整改措施
	载荷能力不足，容易发生人员、物料坠落	限期整改 将密目网替换为平网

NO.J033 安全网失效

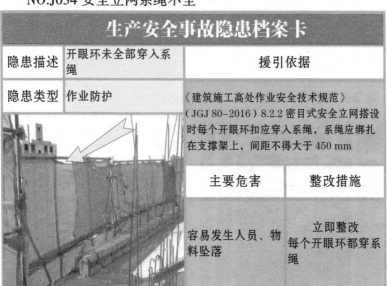

生产安全事故隐患档案卡

隐患描述	安全网未搭设牢固、严密	援引依据	
隐患类型	作业防护	《建筑施工高处作业安全技术规范》（JGJ 80-2016）8.2.1 安全网搭设应牢固、严密，完整有效，易于拆卸。安全网的支撑架应具有足够的强度和稳定性	
		主要危害	**整改措施**
		容易发生人员、物料坠落	限期整改 按规定搭设安全网

NO.J034 安全立网系绳不全

生产安全事故隐患档案卡

隐患描述	开眼环未全部穿入系绳	援引依据	
隐患类型	作业防护	《建筑施工高处作业安全技术规范》（JGJ 80-2016）8.2.2 密目式安全立网搭设时每个开眼环扣应穿入系绳，系绳应绑扎在支撑架上，间距不得大于 450 mm	
		主要危害	**整改措施**
		容易发生人员、物料坠落	立即整改 每个开眼环都穿系绳

NO.J035 安全立网未搭接

生产安全事故隐患档案卡			
隐患描述	安全立网间未搭接	援引依据	
隐患类型	作业防护	《建筑施工高处作业安全技术规范》（JGJ 80–2016）8.2.2 相邻密目网间应紧密结合或重叠	
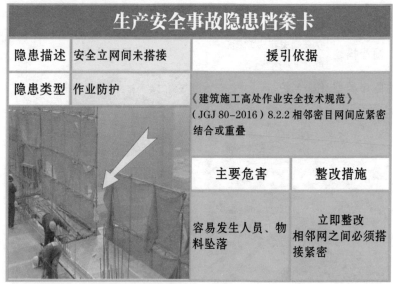		主要危害	整改措施
		容易发生人员、物料坠落	立即整改 相邻网之间必须搭接紧密

NO.J036 脚手架主节点缺少水平杆

生产安全事故隐患档案卡			
隐患描述	主节点缺少水平杆	援引依据	
隐患类型	作业防护	《建筑施工扣件式钢管脚手架安全技术规范》（JGJ 130–2011）6.2.3 主节点处必须设置一根横向水平杆，用直角扣件扣接且严禁拆除	
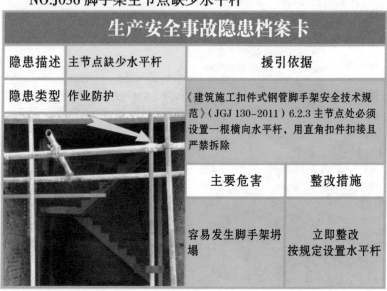		主要危害	整改措施
		容易发生脚手架坍塌	立即整改 按规定设置水平杆

NO.J037 作业层脚手板未铺满

生产安全事故隐患档案卡

隐患描述	脚手板未铺满	援引依据	
隐患类型	作业防护	《建筑施工扣件式钢管脚手架安全技术规范》（JGJ 130–2011）6.2.4 作业层脚手板应铺满、铺稳、铺实	
		主要危害	整改措施
		容易发生人员、物料坠落	立即整改将脚手板铺实铺稳

NO.J038 脚手板未固定

生产安全事故隐患档案卡

隐患描述	脚手板没有与横杆固定牢靠	援引依据	
隐患类型	作业防护	《建筑施工扣件式钢管脚手架安全技术规范》（JGJ 130–2011）6.2.4 当脚手板的长度小于 2 m 时，可采用两根横向水平杆支承，但应将脚手板两端与横向水平杆可靠固定，严防倾翻	
		主要危害	整改措施
		容易发生人员、物料坠落	立即整改将脚手板与横杆牢固固定

233

NO.J039 脚手板外伸过长

<table>
<tr><td colspan="4" align="center">生产安全事故隐患档案卡</td></tr>
<tr><td>隐患描述</td><td>脚手板外伸长度大于 150 mm</td><td colspan="2" align="center">援引依据</td></tr>
<tr><td>隐患类型</td><td>作业防护</td><td colspan="2" rowspan="2">《建筑施工扣件式钢管脚手架安全技术规范》（JGJ 130−2011）6.2.4 脚手板对接平铺时，接头处应设两根横向水平杆。脚手板外伸长度应取 130 ~ 150 mm。两块脚手板外伸长度之和不应大于 300 mm</td></tr>
<tr><td colspan="2" rowspan="4"></td></tr>
<tr><td align="center">主要危害</td><td align="center">整改措施</td></tr>
<tr><td align="center">容易发生人员、物料坠落</td><td align="center">限期整改 按规定进行脚手板平铺对接</td></tr>
</table>

NO.J040 脚手板外伸长度不足（一）

<table>
<tr><td colspan="4" align="center">生产安全事故隐患档案卡</td></tr>
<tr><td>隐患描述</td><td>脚手板伸出横杆长度小于 100 mm</td><td colspan="2" align="center">援引依据</td></tr>
<tr><td>隐患类型</td><td>作业防护</td><td colspan="2" rowspan="2">《建筑施工扣件式钢管脚手架安全技术规范》（JGJ 130−2011）6.2.4 脚手板对接平铺时，接头处应设两根横向水平杆。脚手板外伸长度应取 130 ~ 150 mm。两块脚手板外伸长度之和不应大于 300 mm</td></tr>
<tr><td colspan="2" rowspan="4"></td></tr>
<tr><td align="center">主要危害</td><td align="center">整改措施</td></tr>
<tr><td align="center">容易发生人员、物料坠落</td><td align="center">立即整改 使脚手板伸出横杆长度大于 100 mm</td></tr>
</table>

NO.J041 脚手板外伸长度不足（二）

生产安全事故隐患档案卡

隐患描述	脚手板伸出横杆长度小于 100 mm	援引依据
隐患类型	作业防护	《建筑施工扣件式钢管脚手架安全技术规范》（JGJ 130-2011）6.2.4 脚手板对接平铺时，接头处应设两根横向水平杆。脚手板外伸长度应取 130 ~ 150 mm。两块脚手板外伸长度之和不应大于 300 mm

主要危害	整改措施
容易发生人员、物料坠落	立即整改使脚手板伸出横杆长度大于 100 mm

NO.J042 脚手架立杆缺少垫板

生产安全事故隐患档案卡

隐患描述	立杆没有使用垫板	援引依据
隐患类型	作业防护	《建筑施工扣件式钢管脚手架安全技术规范》（JGJ 130-2011）6.3.1 每根立杆底部宜设置底座或垫板

主要危害	整改措施
容易发生脚手架坍塌	限期整改立杆使用符合规定的垫板

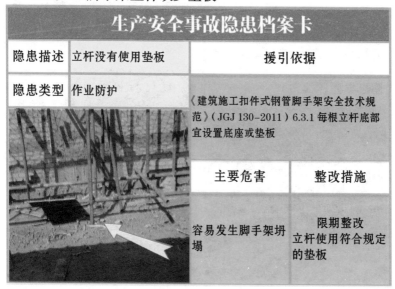

NO.J043 缺少扫地杆

生产安全事故隐患档案卡		
隐患描述	没有设置扫地杆	援引依据
隐患类型	作业防护	《建筑施工扣件式钢管脚手架安全技术规范》（JGJ 130–2011）6.3.2 脚手架必须设置纵、横向扫地杆
	主要危害	整改措施
	容易发生脚手架坍塌	限期整改 设置纵、横向扫地杆

NO.J044 扫地杆位置高

生产安全事故隐患档案卡		
隐患描述	扫地杆高度太高	援引依据
隐患类型	作业防护	《建筑施工扣件式钢管脚手架安全技术规范》（JGJ 130–2011）6.3.2 纵向扫地杆应采用直角扣件固定在距离钢管底端不大于200 mm 处的立杆上
	主要危害	整改措施
	容易发生脚手架坍塌	限期整改 按规定将扫地杆的高度向下降

NO.J045 扫地杆设置错误

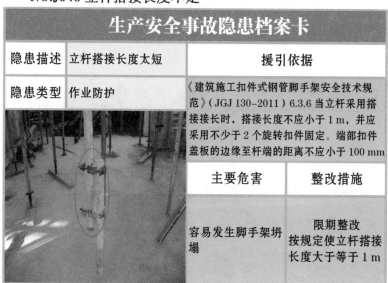

生产安全事故隐患档案卡

隐患描述	横向扫地杆位于纵杆上方	援引依据	
隐患类型	作业防护	《建筑施工扣件式钢管脚手架安全技术规范》（JGJ 130-2011）6.3.2 横向扫地杆应采用直角扣件固定在紧靠纵向扫地杆下方的立杆上	
		主要危害	**整改措施**
		容易发生脚手架坍塌	限期整改将横向扫地杆置于纵向扫地杆下方

NO.J046 立杆搭接长度不足

生产安全事故隐患档案卡

隐患描述	立杆搭接长度太短	援引依据	
隐患类型	作业防护	《建筑施工扣件式钢管脚手架安全技术规范》（JGJ 130-2011）6.3.6 当立杆采用搭接接长时，搭接长度不应小于 1 m，并应采用不少于 2 个旋转扣件固定。端部扣件盖板的边缘至杆端的距离不应小于 100 mm	
		主要危害	**整改措施**
		容易发生脚手架坍塌	限期整改按规定使立杆搭接长度大于等于 1 m

NO.J047 连墙件不能承受压力

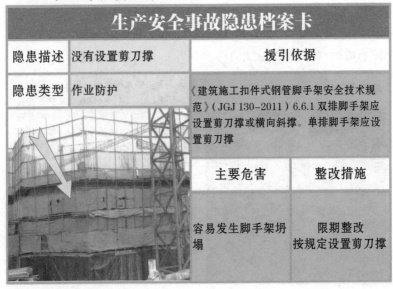

生产安全事故隐患档案卡

隐患描述	连墙件不能承受压力	援引依据	
隐患类型	作业防护	《建筑施工扣件式钢管脚手架安全技术规范》（JGJ 130-2011）6.4.6 连墙件必须采用可承受拉力和压力的构造。对于高度 24 m 以上的双排脚手架，应采用刚性连墙件与建筑物连接	
		主要危害	整改措施
		容易发生脚手架坍塌	限期整改调整连墙件，使其同时能承受拉力和压力

NO.J048 缺少剪刀撑

生产安全事故隐患档案卡

隐患描述	没有设置剪刀撑	援引依据	
隐患类型	作业防护	《建筑施工扣件式钢管脚手架安全技术规范》（JGJ 130-2011）6.6.1 双排脚手架应设置剪刀撑或横向斜撑。单排脚手架应设置剪刀撑	
		主要危害	整改措施
		容易发生脚手架坍塌	限期整改按规定设置剪刀撑

NO.J049 剪刀斜撑杆固定点不足

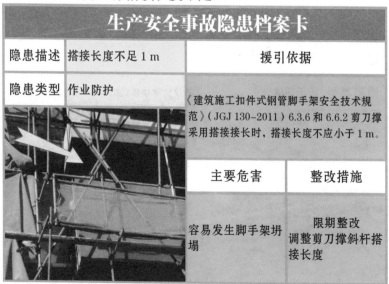

生产安全事故隐患档案卡

隐患描述	斜杆没有与横杆固定	援引依据	
隐患类型	作业防护	《建筑施工扣件式钢管脚手架安全技术规范》（JGJ 130-2011）6.6.2 剪刀撑斜杆应用旋转扣件固定在与之相交的横向水平杆的伸出端或立杆上	
		主要危害	**整改措施**
		容易发生脚手架坍塌	限期整改 剪刀撑斜杆横杆相交的位置都应用扣件固定

NO.J050 剪刀撑搭接长度不足

生产安全事故隐患档案卡

隐患描述	搭接长度不足 1 m	援引依据	
隐患类型	作业防护	《建筑施工扣件式钢管脚手架安全技术规范》（JGJ 130-2011）6.3.6 和 6.6.2 剪刀撑采用搭接接长时，搭接长度不应小于 1 m。	
		主要危害	**整改措施**
		容易发生脚手架坍塌	限期整改 调整剪刀撑斜杆搭接长度

NO.J051 构配件堆放场地积水

生产安全事故隐患档案卡		
隐患描述	堆放场地有积水	援引依据
隐患类型	场所环境	《建筑施工扣件式钢管脚手架安全技术规范》（JGJ 130-2011）7.1.3 经检验合格的构配件应按品种、规格分类，堆放整齐、平稳，堆放场地不得有积水
		主要危害 / 整改措施
		主要危害：容易导致脚手架构配件失效　整改措施：立即整改清除场地积水

NO.J052 构配件混乱堆放

生产安全事故隐患档案卡		
隐患描述	脚手架构配件混乱堆放	援引依据
隐患类型	场所环境	《建筑施工扣件式钢管脚手架安全技术规范》（JGJ 130-2011）7.1.3 经检验合格的构配件应按品种、规格分类，堆放整齐、平稳，堆放场地不得有积水
		主要危害：不利于搬运及作业　整改措施：限期整改将构配件按规定分类堆放

NO.J053 脚手架垫板不合格

生产安全事故隐患档案卡

隐患描述	垫板太薄	援引依据	
隐患类型	作业防护	《建筑施工扣件式钢管脚手架安全技术规范》（JGJ 130–2011）7.3.3 垫板应采用长度不少于 2 跨，厚度不小于 50 mm、宽度不小于 200 mm 的木垫板	
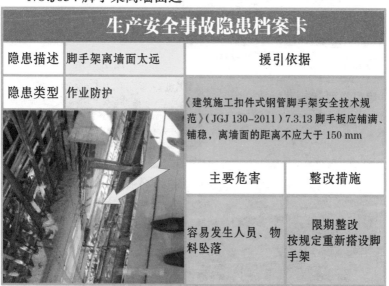		**主要危害**	**整改措施**
		容易发生脚手架坍塌	限期整改采用符合规定的垫板

NO.J054 脚手架离墙面远

生产安全事故隐患档案卡

隐患描述	脚手架离墙面太远	援引依据	
隐患类型	作业防护	《建筑施工扣件式钢管脚手架安全技术规范》（JGJ 130–2011）7.3.13 脚手板应铺满、铺稳，离墙面的距离不应大于 150 mm	
		主要危害	**整改措施**
		容易发生人员、物料坠落	限期整改按规定重新搭设脚手架

NO.J055 作业人员没戴安全带

生产安全事故隐患档案卡		
隐患描述	作业人员没有佩戴安全带	援引依据
隐患类型	个人防护	《建筑施工扣件式钢管脚手架安全技术规范》（JGJ 130-2011）9.0.2 搭拆脚手架人员必须戴安全帽，系安全带，穿防滑鞋
	主要危害	整改措施
	容易发生人员高空坠落事故	立即整改搭拆人员必须系安全带作业

NO.J056 脚手架悬挂起重设备

生产安全事故隐患档案卡		
隐患描述	脚手架上安装起重设备	援引依据
隐患类型	作业防护	《建筑施工扣件式钢管脚手架安全技术规范》（JGJ 130-2011）9.0.5 作业层上的施工荷载应符合设计要求，不得超载。不得将模板支架、揽风绳、泵送混凝土和砂浆的输送管等固定在架体上；严禁悬挂起重设备，严禁拆除或移动架体上安全防护设施
	主要危害	整改措施
	容易发生脚手架坍塌	立即整改拆除起重设备

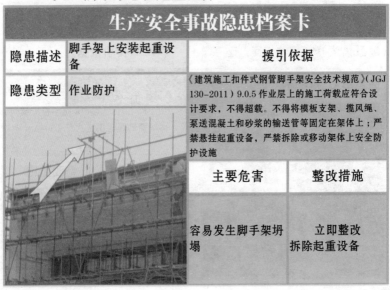

NO.J057 脚手板铺设不严实

生产安全事故隐患档案卡

隐患描述	脚手板铺设不严	援引依据	
隐患类型	作业防护	《建筑施工扣件式钢管脚手架安全技术规范》（JGJ 130-2011）9.0.11 脚手应铺设牢靠、严实，并应用安全网双层兜底。施工层以下每隔 10 m 应用安全网封闭	
		主要危害	整改措施
		容易发生人员、物料坠落	立即整改 按规定铺设脚手板，使其牢靠、严实

NO.J058 没有使用安全密目网

生产安全事故隐患档案卡

隐患描述	没有使用安全密目网	援引依据	
隐患类型	作业防护	《建筑施工扣件式钢管脚手架安全技术规范》（JGJ 130-2011）9.0.12 单、双排脚手架、悬挑式脚手架沿架体外围应用密目网式安全网全封闭，密目式安全网宜设置在脚手架外立杆的内侧，并应与架体绑扎牢固	
		主要危害	整改措施
		容易发生人员、物料坠落	限期整改 按规定悬挂安全密目网

NO.J059 安全网在脚手架立杆外侧

生产安全事故隐患档案卡	
隐患描述 安全网设置在了立杆外侧	**援引依据**
隐患类型 作业防护	《建筑施工扣件式钢管脚手架安全技术规范》（JGJ 130-2011）9.0.13 单、双排脚手架、悬挑式脚手架沿架体外围应用密目网式安全网全封闭，密目式安全网宜设置在脚手架外立杆的内侧，并应与架体绑扎牢固

主要危害	**整改措施**
容易发生人员、物料坠落	限期整改 将安全立网设置在立杆内侧

NO.J060 基坑周边未设防护栏

生产安全事故隐患档案卡	
隐患描述 基坑周边没有设置防护栏	**援引依据**
隐患类型 作业防护	《建筑施工土石方工程安全技术规范》（JGJ 180-2009）6.2.1 开挖深度超过 2 m 的基坑周边必须安装防护栏杆

主要危害	**整改措施**
容易发生人员、物料坠落	限期整改 在基坑周边设置防护栏

NO.J061 防护栏立杆间距大（二）

生产安全事故隐患档案卡		
隐患描述 立杆间距太大	援引依据	
隐患类型 作业防护	《建筑施工土石方工程安全技术规范》（JGJ 180–2009）6.2.1 基坑栏杆立杆间距不宜大于2 m	
	主要危害	整改措施
	容易发生人员、物料坠落	限期整改按规定缩小立杆间距

NO.J062 立杆离边坡近

生产安全事故隐患档案卡		
隐患描述 立杆距离边坡太近	援引依据	
隐患类型 作业防护	《建筑施工土石方工程安全技术规范》（JGJ 180–2009）6.2.1 基坑立杆离坡边距离宜大于0.5 m	
	主要危害	整改措施
	容易发生人员、物料坠落	限期整改按规定将立杆向外侧挪移

NO.J063 防护栏未设安全网

生产安全事故隐患档案卡		
隐患描述	没有挂安全网	援引依据
隐患类型	作业防护	《建筑施工土石方工程安全技术规范》（JGJ 180-2009）6.2.1 防护栏杆宜加挂密目安全网和挡脚板，安全网应自上而下封闭设置

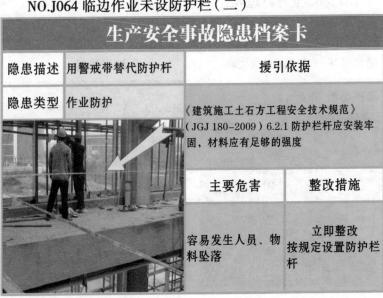

主要危害	整改措施
容易发生人员、物料坠落	限期整改 按规定挂安全网

NO.J064 临边作业未设防护栏（二）

生产安全事故隐患档案卡		
隐患描述	用警戒带替代防护杆	援引依据
隐患类型	作业防护	《建筑施工土石方工程安全技术规范》（JGJ 180-2009）6.2.1 防护栏杆应安装牢固，材料应有足够的强度

主要危害	整改措施
容易发生人员、物料坠落	立即整改 按规定设置防护栏杆

NO.J065 基坑内未设人员上下的专用梯道

生产安全事故隐患档案卡

隐患描述	没有设置专用梯道	援引依据	
隐患类型	作业防护	《建筑施工土石方工程安全技术规范》（JGJ 180-2009）6.2.2 基坑内宜设置供施工人员上下的专用梯道。梯道应设扶手栏杆，梯道的宽度不小于 1 m	
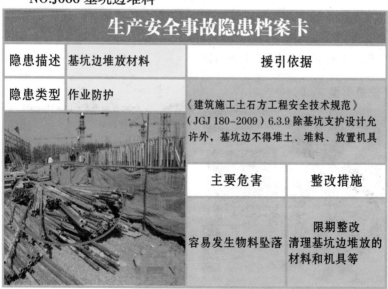		主要危害	整改措施
		容易发生人员坠落	限期整改设置供人员上下的专用梯道

NO.J066 基坑边堆料

生产安全事故隐患档案卡

隐患描述	基坑边堆放材料	援引依据	
隐患类型	作业防护	《建筑施工土石方工程安全技术规范》（JGJ 180-2009）6.3.9 除基坑支护设计允许外，基坑边不得堆土、堆料、放置机具	
		主要危害	整改措施
		容易发生物料坠落	限期整改清理基坑边堆放的材料和机具等

NO.J067 安全网未搭接

生产安全事故隐患档案卡

隐患描述	安全网间有空隙	援引依据
隐患类型	作业防护	《建筑施工安全检查标准》（JGJ 59-2011） 3.3.3 架体外侧应采用密目式安全网封闭，网间连接应严密、牢靠

主要危害	整改措施
容易发生人员、物料坠落	立即整改 将安全网严密连接

NO.J068 防护棚两侧未封闭

生产安全事故隐患档案卡

隐患描述	防护棚两侧未封闭	援引依据
隐患类型	作业防护	《建筑施工安全检查标准》（JGJ 59-2011） 3.13.3 防护棚两侧应采取封闭措施

主要危害	整改措施
容易发生坠物伤人	限期整改 对防护棚两侧进行封闭

NO.J069 配电箱未锁闭（一）

生产安全事故隐患档案卡

隐患描述	配电箱不能有效锁闭	援引依据	
隐患类型	电气安全	《施工现场临时用电安全技术规范》（JGJ 46-2005）4.2.1 电气设备现场周围不得存放易燃易爆、污源和腐蚀介质，否则应予清除或做防护处置，其防护等级必须与环境条件相适应	

主要危害	整改措施
对电气设备造成损害	限期整改清除或采取防护措施

NO.J070 配电箱缺少箱盖

生产安全事故隐患档案卡

隐患描述	配电箱不能有效锁闭	援引依据	
隐患类型	电气安全	《施工现场临时用电安全技术规范》（JGJ 46-2005）4.2.1 电气设备现场周围不得存放易燃易爆、污源和腐蚀介质，否则应予清除或做防护处置，其防护等级必须与环境条件相适应	

主要危害	整改措施
对电气设备造成损害	限期整改清除或采取防护措施

NO.J071 PE 线装设开关

生产安全事故隐患档案卡			
隐患描述	PE 线装设开关，通过工作电流	援引依据	
隐患类型	电气安全	《施工现场临时用电安全技术规范》(JGJ 46-2005) 5.1.10 PE 线上严禁装设开关或熔断器，严禁通过工作电流，且严禁断线	
		主要危害	整改措施
		不能起到保护接零作用，也不能替代相线使用	立即整改用 PE 线做保护零接线

NO.J072 相线颜色混用

生产安全事故隐患档案卡			
隐患描述	相线颜色混用	援引依据	
隐患类型	电气安全	《施工现场临时用电安全技术规范》(JGJ 46-2005) 5.1.11 相线 L_1 (A)、L_2 (B)、L_3 (C) 相序的绝缘颜色依次为黄、绿、红色；任何情况下上述颜色标记严禁混用和互相代用	
		主要危害	整改措施
		不能做出正确标示，导致误操作	限期整改按照黄、绿、红进行相线布置

NO.J073 电缆架设在脚手架上

生产安全事故隐患档案卡

隐患描述	电缆架设在脚手架上	援引依据	
隐患类型	电气安全	《施工现场临时用电安全技术规范》（JGJ 46–2005）7.1.2 架空线必须架设在专用电杆上，严禁架设在树木、脚手架及其他设施上	
		主要危害	整改措施
		容易对电缆造成机械伤害，引发漏电	限期整改架设在专用电杆上

NO.J074 电缆沿地面明敷（一）

生产安全事故隐患档案卡

隐患描述	电缆沿地面明敷	援引依据	
隐患类型	电气安全	《施工现场临时用电安全技术规范》（JGJ 46–2005）7.2.3 电缆线路应采用埋地或架空敷设，严禁沿地面明设	
		主要危害	整改措施
		容易对电缆造成机械伤害，引发漏电	限期整改埋地或架空架设

NO.J075 电缆沿地面明敷（二）

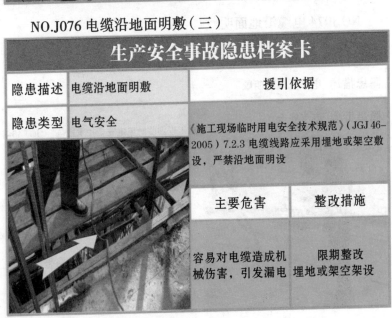

生产安全事故隐患档案卡

隐患描述	电缆沿地面明敷	援引依据	
隐患类型	电气安全	《施工现场临时用电安全技术规范》（JGJ 46–2005）7.2.3 电缆线路应采用埋地或架空敷设，严禁沿地面明设	
		主要危害	**整改措施**
		容易对电缆造成机械伤害，引发漏电	限期整改埋地或架空架设

NO.J076 电缆沿地面明敷（三）

生产安全事故隐患档案卡

隐患描述	电缆沿地面明敷	援引依据	
隐患类型	电气安全	《施工现场临时用电安全技术规范》（JGJ 46–2005）7.2.3 电缆线路应采用埋地或架空敷设，严禁沿地面明设	
		主要危害	**整改措施**
		容易对电缆造成机械伤害，引发漏电	限期整改埋地或架空架设

NO.J077 电缆沿脚手架敷设

生产安全事故隐患档案卡

隐患描述	架空线沿脚手架敷设	援引依据	
隐患类型	电气安全	《施工现场临时用电安全技术规范》（JGJ 46–2005）7.2.9 架空电缆严禁沿架手架、树木或其他设施敷设	
		主要危害	整改措施
		容易对电缆造成机械伤害，引发漏电	限期整改架设在专用电杆上

NO.J078 电缆沿墙敷设

生产安全事故隐患档案卡

隐患描述	电缆沿墙敷设最大弧垂小 2 m	援引依据	
隐患类型	电气安全	《施工现场临时用电安全技术规范》（JGJ 46–2005）7.2.10 电缆水平敷设宜沿墙或门口刚性固定，最大弧垂距地不得小于 2.0 m	
		主要危害	整改措施
		对电缆产生物理伤害或对人产生危险	限期整改按标准高度进行敷设

NO.J079 电缆架设高度不足

生产安全事故隐患档案卡

隐患描述	电缆架设高度不足 2.5 m	援引依据
隐患类型	电气安全	《施工现场临时用电安全技术规范》（JGJ 46–2005）7.3.3 室内非埋地明敷主干线距地面高度不小于 2.5 m

主要危害	整改措施
容易对电缆造成机械伤害，引发漏电	限期整改满足最低架设高度要求

NO.J080 未实行三级配电（一）

生产安全事故隐患档案卡

隐患描述	未执行三级配电制度	援引依据
隐患类型	电气安全	《施工现场临时用电安全技术规范》（JGJ 46–2005）8.1.1 配电系统应设置配电柜或总配电箱，分配电箱和开关箱，实行三级配电

主要危害	整改措施
不利于电气系统维护，容易引发事故	限期整改实行三级配电

NO.J081 未实行三级配电（二）

生产安全事故隐患档案卡

隐患描述	末级未设开关箱	援引依据
隐患类型	电气安全	《施工现场临时用电安全技术规范》（JGJ 46–2005）8.1.1 配电系统应设置配电柜或总配电箱，分配电箱和开关箱，实行三级配电

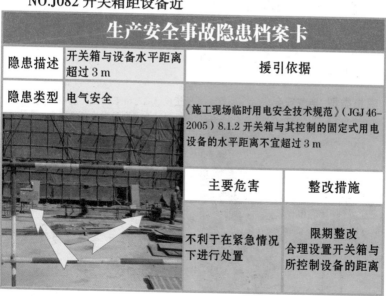

	主要危害	整改措施
	不利于电气系统维护，容易引发事故	限期整改 实行三级配电，使用开关箱

NO.J082 开关箱距设备近

生产安全事故隐患档案卡

隐患描述	开关箱与设备水平距离超过 3 m	援引依据
隐患类型	电气安全	《施工现场临时用电安全技术规范》（JGJ 46–2005）8.1.2 开关箱与其控制的固定式用电设备的水平距离不宜超过 3 m

	主要危害	整改措施
	不利于在紧急情况下进行处置	限期整改 合理设置开关箱与所控制设备的距离

NO.J083 一闸多机（一）

生产安全事故隐患档案卡

隐患描述	一闸多机	援引依据
隐患类型	电气安全	《施工现场临时用电安全技术规范》（JGJ 46-2005）8.1.3 每台用电设备必须有各自专用的开关箱，严禁用同一个开关箱直接控制 2 台及 2 台以上用电设备（含插座）
		主要危害 / **整改措施**
		多台设备受控一个电闸，容易引发非预期故障同时，影响漏保功能和效果 / 立即整改 每台设备设置专用开关

NO.J084 一闸多机（二）

生产安全事故隐患档案卡

隐患描述	一闸多机	援引依据
隐患类型	电气安全	《施工现场临时用电安全技术规范》（JGJ 46-2005）8.1.3 每台用电设备必须有各自专用的开关箱，严禁用同一个开关箱直接控制 2 台及 2 台以上用电设备（含插座）
		主要危害 / **整改措施**
		多台设备受控一个电闸，容易引发非预期故障同时，影响漏保功能和效果 / 立即整改 每台设备设置专用开关

NO.J085 一闸多机（三）

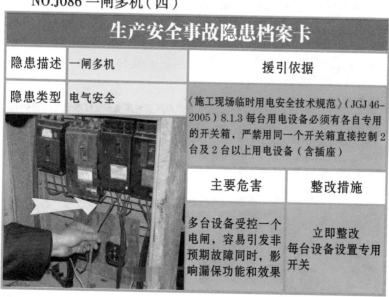

生产安全事故隐患档案卡

隐患描述	一闸多机	援引依据
隐患类型	电气安全	《施工现场临时用电安全技术规范》（JGJ 46–2005）8.1.3 每台用电设备必须有各自专用的开关箱，严禁用同一个开关箱直接控制2台及2台以上用电设备（含插座）

主要危害	整改措施
多台设备受控一个电闸，容易引发非预期故障同时，影响漏保功能和效果	立即整改 每台设备设置专用开关

NO.J086 一闸多机（四）

生产安全事故隐患档案卡

隐患描述	一闸多机	援引依据
隐患类型	电气安全	《施工现场临时用电安全技术规范》（JGJ 46–2005）8.1.3 每台用电设备必须有各自专用的开关箱，严禁用同一个开关箱直接控制2台及2台以上用电设备（含插座）

主要危害	整改措施
多台设备受控一个电闸，容易引发非预期故障同时，影响漏保功能和效果	立即整改 每台设备设置专用开关

NO.J087 照明与动力配电未分开（一）

生产安全事故隐患档案卡		
隐患描述	照明配电与动力配电未分开设置	援引依据
隐患类型	电气安全	《施工现场临时用电安全技术规范》（JGJ 46–2005）8.1.4 动力配电箱与照明配电箱宜分别设置，合并设置时，应分路配电
		主要危害 / **整改措施**
		容易导致误操作 / 限期整改 分开设置配电箱

NO.J088 照明与动力配电未分开（二）

生产安全事故隐患档案卡		
隐患描述	照明与动力开关箱未分开设置	援引依据
隐患类型	电气安全	《施工现场临时用电安全技术规范》（JGJ 46–2005）8.1.4 动力开关箱与照明开关箱必须分开设置
		主要危害 / **整改措施**
		容易导致误操作 / 限期整改 分开设置开关箱

NO.J089 配电箱周围有积水

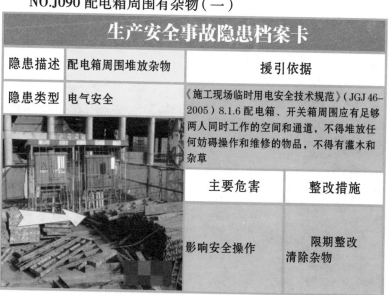

生产安全事故隐患档案卡

隐患描述	开关箱设置在潮湿场所	援引依据	
隐患类型	电气安全	《施工现场临时用电安全技术规范》（JGJ 46–2005）8.1.5 配电箱、开关箱应装设在干燥、通风及常温场所，不得装设在有严重损伤作用的瓦斯、烟气、潮气及其他有害介质中	
		主要危害	**整改措施**
		腐蚀损毁开关箱	立即整改设置在干燥位置

NO.J090 配电箱周围有杂物（一）

生产安全事故隐患档案卡

隐患描述	配电箱周围堆放杂物	援引依据	
隐患类型	电气安全	《施工现场临时用电安全技术规范》（JGJ 46–2005）8.1.6 配电箱、开关箱周围应有足够两人同时工作的空间和通道，不得堆放任何妨碍操作和维修的物品，不得有灌木和杂草	
		主要危害	**整改措施**
		影响安全操作	限期整改清除杂物

NO.J091 配电箱周围有杂物（二）

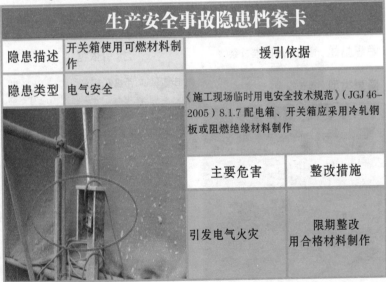

生产安全事故隐患档案卡		
隐患描述	配电箱周围堆放杂物	援引依据
隐患类型	电气安全	《施工现场临时用电安全技术规范》（JGJ 46–2005）8.1.6 配电箱、开关箱周围应有足够两人同时工作的空间和通道，不得堆放任何妨碍操作和维修的物品，不得有灌木和杂草
	主要危害	整改措施
	影响安全操作	限期整改 清除杂物

NO.J092 木质开关箱

生产安全事故隐患档案卡		
隐患描述	开关箱使用可燃材料制作	援引依据
隐患类型	电气安全	《施工现场临时用电安全技术规范》（JGJ 46–2005）8.1.7 配电箱、开关箱应采用冷轧钢板或阻燃绝缘材料制作
	主要危害	整改措施
	引发电气火灾	限期整改 用合格材料制作

NO.J093 开关箱未装设牢固

生产安全事故隐患档案卡

隐患描述	开关箱未装设牢固	援引依据	
隐患类型	电气安全	《施工现场临时用电安全技术规范》（JGJ 46–2005）8.1.8 配电箱、开关箱应装设端正、牢固	
		主要危害	整改措施
		产生移动，影响正常电气使用	立即整改端正牢固进行装设

NO.J094 开关箱支架不牢固

生产安全事故隐患档案卡

隐患描述	开关箱未装设稳定的支架上	援引依据	
隐患类型	电气安全	《施工现场临时用电安全技术规范》（JGJ 46–2005）8.1.8 移动式配电箱、开关箱应装设在坚固、稳定的支架上	
		主要危害	整改措施
		产生移动，影响正常电气使用	立即整改端正牢固进行装设

NO.J095 开关未安装在箱内

生产安全事故隐患档案卡		
隐患描述	电器未安装在箱内	援引依据
隐患类型	电气安全	《施工现场临时用电安全技术规范》（JGJ 46–2005）8.1.9 配电箱、开关箱的电器（含插座）应先安装在金属或非木质阻燃绝缘电器安装板上，然后方可整体紧固在配电箱、开关箱箱体内
		主要危害 / 整改措施
		不利于电气元件保护，容易引发触电 / 限期整改 制作或购置合格开关箱

NO.J096 箱内电器松动

生产安全事故隐患档案卡		
隐患描述	箱内电器歪斜松动	援引依据
隐患类型	电气安全	《施工现场临时用电安全技术规范》（JGJ 46–2005）8.1.10 配电箱、开关箱内的电器（含插座）应按其规定位置坚固在电器安装板上，不得歪斜和松动
		主要危害 / 整改措施
		造成电器连接松动等，引起电器故障 / 限期整改 按照标准，重新检查安装

NO.J097 箱内无 N 线端子板和 PE 线端子板

生产安全事故隐患档案卡

隐患描述	配电箱无 N 线和 PE 线端子板	援引依据	
隐患类型	电气安全	《施工现场临时用电安全技术规范》(JGJ 46–2005) 8.1.11 配电箱的电器安装板上必须分设 N 线端子板和 PE 线端子板	
		主要危害	**整改措施**
		不利于敷设保护接零和工作接零	限期整改更换合格配电箱

NO.J098 PE 线未通过端子板连接

生产安全事故隐患档案卡

隐患描述	PE 线未通过 PE 线端子板连接	援引依据	
隐患类型	电气安全	《施工现场临时用电安全技术规范》(JGJ 46–2005) 8.1.11 进出线中的 N 线必须通过 N 线端子板连接，PE 线必须通过 PE 线端子板连接	
		主要危害	**整改措施**
		不能准确进行电气保护	限期整改按规范进行敷接

NO.J099 带电体外露

生产安全事故隐患档案卡		
隐患描述	带电体明露	援引依据
隐患类型	电气安全	《施工现场临时用电安全技术规范》（JGJ 46–2005）8.1.12 导线分支接头不得采用螺栓压接，应采用焊接并做绝缘包扎，不得有外露带电部分
	主要危害	整改措施
	引发触电	限期整改做好绝缘保护

NO.J100 箱门、箱体连接线不合格

生产安全事故隐患档案卡		
隐患描述	配电箱门与箱体连接线不规范	援引依据
隐患类型	电气安全	《施工现场临时用电安全技术规范》（JGJ 46–2005）8.1.13 金属箱门与金属箱体必须通过采用编织软铜线做电气连接
	主要危害	整改措施
	影响箱门开闭，对电缆造成损伤	限期整改更换合格铜线

NO.J101 电缆未通过进、出线口进行连接

生产安全事故隐患档案卡		
隐患描述	未在正确位置接线	援引依据
隐患类型	电气安全	《施工现场临时用电安全技术规范》（JGJ 46–2005）8.1.15 配电箱、开关箱中导线的进线口和出线口应设在箱体的下底面
	主要危害	整改措施
	对电缆造成磨损，导致漏电	限期整改从箱体底部接线和出线

NO.J102 电缆未通过进、出线口接线

生产安全事故隐患档案卡		
隐患描述	未在正确位置接线	援引依据
隐患类型	电气安全	《施工现场临时用电安全技术规范》（JGJ 46–2005）8.1.15 配电箱、开关箱中导线的进线口和出线口应设在箱体的下底面
	主要危害	整改措施
	对电缆造成磨损，导致漏电	限期整改从箱体底部接线和出线

NO.J103 进出线未加护套（一）

生产安全事故隐患档案卡		
隐患描述	进线未加护套与箱体接触	援引依据
隐患类型	电气安全	《施工现场临时用电安全技术规范》（JGJ 46–2005）8.1.16 配电箱、开关箱的进、出线口应配置固定线卡，进出线应加绝缘护套并成束卡固箱体上，不得与箱体直接接触
		主要危害 / 整改措施
		对电缆造成磨损，导致漏电 / 限期整改 对进出线进行护套保护

NO.J104 进出线未加护套（二）

生产安全事故隐患档案卡		
隐患描述	进出线未采用橡皮护套绝缘电缆	援引依据
隐患类型	电气安全	《施工现场临时用电安全技术规范》（JGJ 46–2005）8.1.16 移动式配电箱、开关箱的进出线应采用橡皮护套绝缘电缆，不得有接头
		主要危害 / 整改措施
		绝缘强度和保护强度弱 / 限期整改 更换橡皮护套绝缘电缆

NO.J105 进出线未加护套（三）

生产安全事故隐患档案卡

隐患描述	进出线未采用橡皮护套绝缘电缆	援引依据	
隐患类型	电气安全	《施工现场临时用电安全技术规范》（JGJ 46–2005）8.1.16 移动式配电箱、开关箱的进出线应采用橡皮护套绝缘电缆，不得有接头	
		主要危害	**整改措施**
		绝缘强度和保护强度弱	限期整改更换橡皮护套绝缘电缆

NO.J106 配电箱缺少防雨措施

生产安全事故隐患档案卡

隐患描述	配电箱未采取防雨措施	援引依据	
隐患类型	电气安全	《施工现场临时用电安全技术规范》（JGJ 46–2005）8.1.17 配电箱、开关箱的外形结构应能防雨、防尘	
		主要危害	**整改措施**
		对箱体造成损害，引发短路等	限期整改搭设雨棚等

267

NO.J107 箱内电器破损

生产安全事故隐患档案卡

隐患描述	配电箱内电器设备破损	援引依据	
隐患类型	电气安全	《施工现场临时用电安全技术规范》（JGJ 46–2005）8.2.1 配电箱、开关箱内的电器必须完好、可靠，严禁使用破损，不合格电器	
		主要危害	整改措施
		引发触电、漏电	限期整改 更换合格产品

NO.J108 未设漏电保护器（一）

生产安全事故隐患档案卡

隐患描述	未安装漏电保护器	援引依据	
隐患类型	电气安全	《施工现场临时用电安全技术规范》（JGJ 46–2005）8.2.5 开关箱必须装设隔离开关，断路器或熔断器、以及漏电保护器	
		主要危害	整改措施
		不能实现逐级保护	限期整改 按要求安装漏电保护器

NO.J109 未设漏电保护器（二）

生产安全事故隐患档案卡

隐患描述	未安装漏电保护器	援引依据	
隐患类型	电气安全	《施工现场临时用电安全技术规范》（JGJ 46–2005）8.2.5 开关箱必须装设隔离开关，断路器或熔断器，以及漏电保护器	

主要危害	整改措施
不能实现逐级保护	限期整改 按要求安装漏电保护器

NO.J110 箱内插头、插座活动连接（一）

生产安全事故隐患档案卡

隐患描述	配电箱插头插座做活动连接	援引依据	
隐患类型	电气安全	《施工现场临时用电安全技术规范》（JGJ 46–2005）8.2.15 配电箱、开关箱的电源进线端严禁采用插头和插座做活动连接	

主要危害	整改措施
非正常用电载荷，容易引发事故	限期整改 撤除规定之外的活动连接

NO.J111 箱内插头、插座活动连接（二）

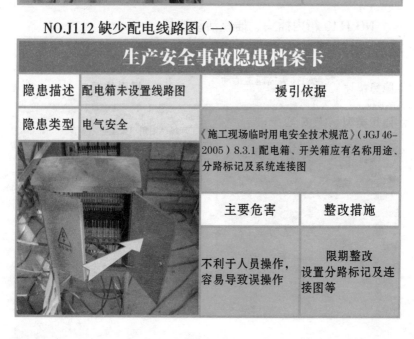

生产安全事故隐患档案卡

隐患描述	配电箱插头插座做活动连接	援引依据
隐患类型	电气安全	《施工现场临时用电安全技术规范》（JGJ 46–2005）8.2.15 配电箱、开关箱的电源进线端严禁采用插头和插座做活动连接

主要危害	整改措施
非正常用电载荷，容易引发事故	限期整改撤除规定之外的活动连接

NO.J112 缺少配电线路图（一）

生产安全事故隐患档案卡

隐患描述	配电箱未设置线路图	援引依据
隐患类型	电气安全	《施工现场临时用电安全技术规范》（JGJ 46–2005）8.3.1 配电箱、开关箱应有名称用途、分路标记及系统连接图

主要危害	整改措施
不利于人员操作，容易导致误操作	限期整改设置分路标记及连接图等

270

NO.J113 未设分路标记（一）

生产安全事故隐患档案卡

隐患描述	配电箱未设置分路标记	援引依据
隐患类型	电气安全	《施工现场临时用电安全技术规范》（JGJ 46–2005）8.3.1 配电箱、开关箱应有名称用途、分路标记及系统连接图

	主要危害	整改措施
	不利于人员操作，容易导致误操作	限期整改设置分路标记及连接图等

NO.J114 缺少配电线路图（二）

生产安全事故隐患档案卡

隐患描述	配电箱未设置线路图	援引依据
隐患类型	电气安全	《施工现场临时用电安全技术规范》（JGJ 46–2005）8.3.1 配电箱、开关箱应有名称用途、分路标记及系统连接图

	主要危害	整改措施
	不利于人员操作，容易导致误操作	限期整改设置分路标记及连接图等

NO.J115 未设分路标记（二）

生产安全事故隐患档案卡

隐患描述	配电箱未设置分路标记	援引依据	
隐患类型	电气安全	《施工现场临时用电安全技术规范》（JGJ 46–2005）8.3.1 配电箱、开关箱应有名称用途、分路标记及系统连接图	
		主要危害	整改措施
		不利于人员操作，容易导致误操作	限期整改设置分路标记及连接图等

NO.J116 配电箱未锁闭（二）

生产安全事故隐患档案卡

隐患描述	配电箱不能有效锁闭	援引依据	
隐患类型	电气安全	《施工现场临时用电安全技术规范》（JGJ 46–2005）8.3.2 配电箱、开关箱箱门应配锁，并应由专人负责	
		主要危害	整改措施
		不能防止无关人员操作	限期整改配置完好锁具

NO.J117 电工未穿绝缘鞋

生产安全事故隐患档案卡

隐患描述	维修作业时未穿绝缘鞋	援引依据	
隐患类型	电气安全	《施工现场临时用电安全技术规范》（JGJ 46–2005）8.3.3 检查、维修人员必须是专业电工；检查、维修时，必须按规定穿、戴绝缘鞋、手套	
		主要危害	整改措施
		触电危险	立即整改穿绝缘鞋上岗作业

NO.J118 箱内有杂物（一）

生产安全事故隐患档案卡

隐患描述	开关箱内堆放杂物	援引依据	
隐患类型	电气安全	《施工现场临时用电安全技术规范》（JGJ 46–2005）8.3.8 配电箱、开关箱内不得放置任何杂物，并应保持整洁	
		主要危害	整改措施
		影响操作，引发电气火灾	立即整改清除杂物

NO.J119 箱内有杂物（二）

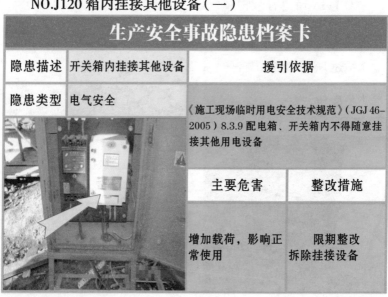

生产安全事故隐患档案卡		
隐患描述	开关箱内堆放杂物	援引依据
隐患类型	电气安全	《施工现场临时用电安全技术规范》（JGJ 46–2005）8.3.8 配电箱、开关箱内不得放置任何杂物，并应保持整洁
	主要危害	整改措施
	影响操作，引发电气火灾	立即整改 清除杂物

NO.J120 箱内挂接其他设备（一）

生产安全事故隐患档案卡		
隐患描述	开关箱内挂接其他设备	援引依据
隐患类型	电气安全	《施工现场临时用电安全技术规范》（JGJ 46–2005）8.3.9 配电箱、开关箱内不得随意挂接其他用电设备
	主要危害	整改措施
	增加载荷，影响正常使用	限期整改 拆除挂接设备

NO.J121 箱内挂接其他设备（二）

生产安全事故隐患档案卡		
隐患描述	开关箱内挂接其他设备	援引依据
隐患类型	电气安全	《施工现场临时用电安全技术规范》（JGJ 46–2005）8.3.9 配电箱、开关箱内不得随意挂接其他用电设备
		主要危害 / 整改措施
		增加载荷，影响正常使用 / 限期整改拆除挂接设备

NO.J122 箱内挂接其他设备（三）

生产安全事故隐患档案卡		
隐患描述	配电箱内挂接其他电气设备	援引依据
隐患类型	电气安全	《施工现场临时用电安全技术规范》（JGJ 46–2005）8.3.9 配电箱、开关箱内不得随意挂接其他用电设备
		主要危害 / 整改措施
		增加用电负荷和不确定风险 / 限期整改撤除挂接设备

第六篇

制造加工类

NO.Z001 砂轮防护罩不全（一）

生产安全事故隐患档案卡

隐患描述	防护罩不全	援引依据	
隐患类型	作业防护	《磨削机械安全规程》（GB 4674–2009） 3.5.1 砂轮防护罩应由圆周构件和两侧构件构成，应将砂轮、砂轮卡盘和砂轮主轴端部罩住	
		主要危害	**整改措施**
		容易发生砂轮伤人事故	立即整改 按规定设置齐全防护罩

NO.Z002 砂轮防护罩不全（二）

生产安全事故隐患档案卡

隐患描述	防护罩不全	援引依据	
隐患类型	作业防护	《磨削机械安全规程》（GB 4674–2009） 3.5.1 砂轮防护罩应由圆周构件和两侧构件构成，应将砂轮、砂轮卡盘和砂轮主轴端部罩住	
		主要危害	**整改措施**
		容易发生砂轮伤人事故	停工整改 按规定设置齐全防护罩

NO.Z003 防护罩开口大

生产安全事故隐患档案卡		
隐患描述	防护罩开口大于90°	援引依据
隐患类型	作业防护	《磨削机械安全规程》（GB 4674-2009）3.5.3.2 台式和落地式砂轮机用砂轮防护罩最大开口角度不准超过 90°

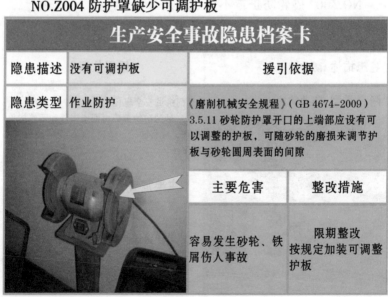

	主要危害	整改措施
	容易发生砂轮、铁屑伤人事故	限期整改 更换防护罩，确保开口角度不超过90°

NO.Z004 防护罩缺少可调护板

生产安全事故隐患档案卡		
隐患描述	没有可调护板	援引依据
隐患类型	作业防护	《磨削机械安全规程》（GB 4674-2009）3.5.11 砂轮防护罩开口的上端部应设有可以调整的护板，可随砂轮的磨损来调节护板与砂轮圆周表面的间隙
	主要危害	整改措施
	容易发生砂轮、铁屑伤人事故	限期整改 按规定加装可调整护板

NO.Z005 砂轮与可调护板间隙大

生产安全事故隐患档案卡		
隐患描述	护板与砂轮周边距离大于 6 mm	援引依据
隐患类型	作业防护	《磨削机械安全规程》（GB 4674–2009）3.5.12 砂轮圆周表面与可调护板边缘之间的间隙应小于 6 mm
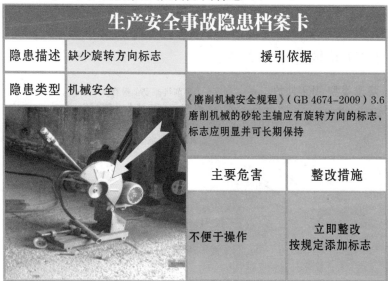		**主要危害**
		整改措施
		容易发生事故
		立即整改 按规定调节间隙

NO.Z006 砂轮机缺少旋转方向标志

生产安全事故隐患档案卡		
隐患描述	缺少旋转方向标志	援引依据
隐患类型	机械安全	《磨削机械安全规程》（GB 4674–2009）3.6 磨削机械的砂轮主轴应有旋转方向的标志，标志应明显并可长期保持
		主要危害
		整改措施
		不便于操作
		立即整改 按规定添加标志

NO.Z007 工件头架缺少防护罩

生产安全事故隐患档案卡		
隐患描述	工件头架未设防护罩	援引依据
隐患类型	机械安全	《磨削机械安全规程》（GB 4674-2009） 3.10 磨削机械上所有砂轮、电机、皮带轮和工件头架等回转件，应设防护罩。防护罩应牢固地固定
		主要危害 / 整改措施
		容易发生伤人事故 / 限期整改 按规定加装防护罩

NO.Z008 皮带轮缺少防护罩

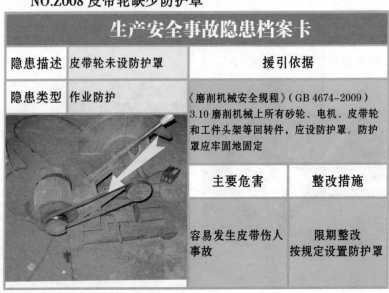

生产安全事故隐患档案卡		
隐患描述	皮带轮未设防护罩	援引依据
隐患类型	作业防护	《磨削机械安全规程》（GB 4674-2009） 3.10 磨削机械上所有砂轮、电机、皮带轮和工件头架等回转件，应设防护罩。防护罩应牢固地固定
		主要危害 / 整改措施
		容易发生皮带伤人事故 / 限期整改 按规定设置防护罩

NO.Z009 砂轮机手把断裂

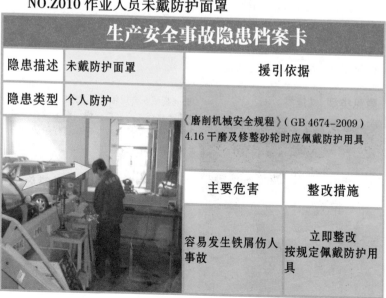

生产安全事故隐患档案卡		
隐患描述	手把断裂	援引依据
隐患类型	机械安全	《磨削机械安全规程》（GB 4674-2009） 4.1.1 砂轮安装前应进行标记检查，如发现砂轮有裂纹或其他损伤，则严禁安装使用
	主要危害	整改措施
	不利于人员操作	立即整改 更换手把后方可继续使用

NO.Z010 作业人员未戴防护面罩

生产安全事故隐患档案卡		
隐患描述	未戴防护面罩	援引依据
隐患类型	个人防护	《磨削机械安全规程》（GB 4674-2009） 4.16 干磨及修整砂轮时应佩戴防护用具
	主要危害	整改措施
	容易发生铁屑伤人事故	立即整改 按规定佩戴防护用具

NO.Z011 砂轮随意乱丢

生产安全事故隐患档案卡

隐患描述	砂轮随意乱放	援引依据
隐患类型	其他类	《磨削机械安全规程》（GB 4674-2009）5.2 砂轮存放场地应保持干燥，温度适宜，避免与其他化学品混放。砂轮需仔细放置于货架之上或箱匣内

主要危害	整改措施
容易造成丢失、损坏	立即整改 不使用的砂轮放置在货架上或箱匣内

NO.Z012 砂轮与化学品混放

生产安全事故隐患档案卡

隐患描述	砂轮与化学品混放	援引依据
隐患类型	其他类	《磨削机械安全规程》（GB 4674-2009）5.3 砂轮存放场地应保持干燥，温度适宜，避免与其他化学品混放。砂轮需仔细放置于货架之上或箱匣内

主要危害	整改措施
容易发生事故	立即整改 清理化学品

NO.Z013 砂轮机未设在专用砂轮机房

生产安全事故隐患档案卡

隐患描述	砂轮机未设置在专用砂轮机房	援引依据	
隐患类型	机械安全	《磨削机械安全规程》（GB 4674–2009） 5.11 砂轮机一般应设置专用的砂轮机房，不得安装在正对着附近设备、操作人员或经常有人过往的地方	
		主要危害	整改措施
		容易发生事故	限期整改 将砂轮机设置到砂轮机房

NO.Z014 防护挡板高度不够

生产安全事故隐患档案卡

隐患描述	防护挡板高度不够	援引依据	
隐患类型	作业防护	《磨削机械安全规程》（GB 4674–2009） 5.11 如果因条件限制不能设置专用的砂轮机房，则应在砂轮机正面装设不低于 1.8 m 高度的防护挡板	
		主要危害	整改措施
		容易发生事故	限期整改 加高防护挡板高度

NO.Z015 紧急开关颜色不鲜明

生产安全事故隐患档案卡

隐患描述	紧急开关颜色不鲜明	援引依据	
隐患类型	机械安全	《生产设备安全卫生设计总则》（GB 5083–1999）5.6.2.2 紧急开关的形状应有别于一般开关，其颜色应为红色或有鲜明的红色标记	
		**主要危害**	**整改措施**
		不利于在意外情况时急停设备	限期整改 按规定对紧急开关按钮进行明显区分

NO.Z016 未设紧急开关

生产安全事故隐患档案卡

隐患描述	未设置紧急开关	援引依据	
隐患类型	机械安全	《生产设备安全卫生设计总则》（GB 5083–1999）5.6.2.2 紧急开关的形状应有别于一般开关，其颜色应为红色或有鲜明的红色标记	
		主要危害	**整改措施**
		发生意外时不能及时进行急停操作	限期整改 按规定设置紧急开关

NO.Z017 皮带缺少防护罩（一）

生产安全事故隐患档案卡

隐患描述	皮带没有防护罩	援引依据	
隐患类型	作业防护	《生产设备安全卫生设计总则》（GB 5083–1999）6.1.2 对操作人员在设备运行时可能触及的可动零部件，必须配置必要的安全防护装置	
		主要危害	整改措施
		容易发生伤人事故	限期整改 按规定加装防护罩

NO.Z018 设备存在跑、冒、滴、漏

生产安全事故隐患档案卡

隐患描述	设备存在跑、冒、滴、漏现象	援引依据	
隐患类型	机械安全	《生产设备安全卫生设计总则》（GB 5083–1999）6.4.1 生产、使用、贮存和运输易燃易爆物质和可燃物质的生产设备，严禁跑、冒、滴、漏	
		主要危害	整改措施
		可能导致发生爆炸	限期整改 按规定处理设备的跑、冒、滴、漏

NO.Z019 电气设备不防爆

生产安全事故隐患档案卡		
隐患描述	粉尘环境下电气设备不防爆	援引依据
隐患类型	电气安全	《生产设备安全卫生设计总则》（GB 5083–1999）6.4.2 爆炸和火灾危险场所使用的电气设备，必须符合相应的防爆等级并按有关标准执行
		主要危害 / 整改措施
		可能导致发生爆炸 / 限期整改 更换为防爆电气设备

NO.Z020 管线布置不合理

生产安全事故隐患档案卡		
隐患描述	管线布置在行走通板下方	援引依据
隐患类型	作业防护	《金属切削机床 安全防护通用技术条件》（GB 15760–2004）5.2.2.2 机床的各种管线布置排列应合理、无障碍，防止产生绊倒等危险
		主要危害 / 整改措施
		可能发生人员被绊倒 / 限期整改 按规定对管线重新布置

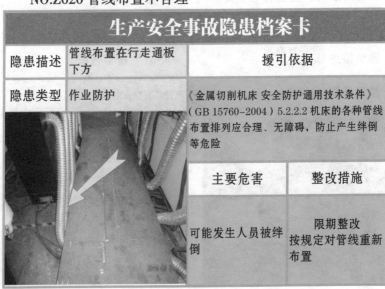

NO.Z021 车间地坑没盖

生产安全事故隐患档案卡

隐患描述	地坑未盖严	援引依据	
隐患类型	作业防护	《金属切削加工安全要求》（JB 7741–1995）4.1.2 因生产需要，需在车间内设置地坑时，必须加盖或护栏	
		主要危害	整改措施
		可能发生人员坠入	限期整改 按规定对地坑加盖或护栏

NO.Z022 未设除尘设备

生产安全事故隐患档案卡

隐患描述	没有除尘设备	援引依据	
隐患类型	作业防护	《金属切削加工安全要求》（JB 7741–1995）4.2.2 磨床、砂轮机、抛光机及经常粗加工铸铁件的机床等产生粉尘较多的设备附近应设置除尘装置，以随时排除加工所产生的粉尘和其他有害物质	
		主要危害	整改措施
		可能导致人员患病	限期整改 按规定设置除尘装置

NO.Z023 机床间距不足

生产安全事故隐患档案卡

隐患描述	机床间距达不到安全距离要求	援引依据	
隐患类型	作业防护	《金属切削加工安全要求》（JB 7741–1995）4.5.2 机床之间最小距离为 700 mm	
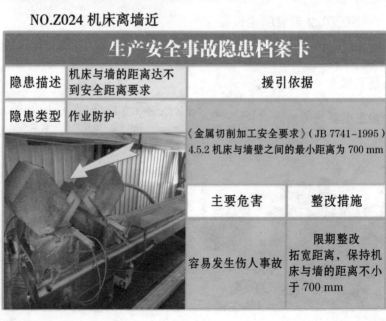		主要危害	整改措施
		影响人员操作和通行	限期整改拓宽机床间距，保持不小于 700 mm

NO.Z024 机床离墙近

生产安全事故隐患档案卡

隐患描述	机床与墙的距离达不到安全距离要求	援引依据	
隐患类型	作业防护	《金属切削加工安全要求》（JB 7741–1995）4.5.2 机床与墙壁之间的最小距离为 700 mm	
		主要危害	整改措施
		容易发生伤人事故	限期整改拓宽距离，保持机床与墙的距离不小于 700 mm

NO.Z025 操作位置未设脚踏板

生产安全事故隐患档案卡		
隐患描述	操作位置没有脚踏板	援引依据
隐患类型	作业防护	《金属切削加工安全要求》（JB 7741–1995）4.5.4 机床的操作位置一般应设置脚踏板，其宽度不应小于 600 mm
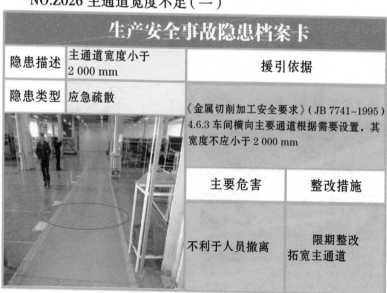		主要危害 / 整改措施
		容易发生事故 / 限期整改 按规定设置脚踏板

NO.Z026 主通道宽度不足（一）

生产安全事故隐患档案卡		
隐患描述	主通道宽度小于 2 000 mm	援引依据
隐患类型	应急疏散	《金属切削加工安全要求》（JB 7741–1995）4.6.3 车间横向主要通道根据需要设置，其宽度不应小于 2 000 mm
		主要危害 / 整改措施
		不利于人员撤离 / 限期整改 拓宽主通道

NO.Z027 次通道宽度不足

生产安全事故隐患档案卡

隐患描述	次要通道小于 1 000 mm	援引依据	
隐患类型	作业防护	《金属切削加工安全要求》(JB 7741–1995) 4.6.4 机床之间的次要通道宽度一般不应小于 1 000 mm	
		主要危害	整改措施
		影响搬运及操作	限期整改 拓宽通道宽度

NO.Z028 通道没有标志线

生产安全事故隐患档案卡

隐患描述	通道两侧没有标志线	援引依据	
隐患类型	应急疏散	《金属切削加工安全要求》(JB 7741–1995) 4.6.5 车间通道两侧应划出 100 mm 宽的白色或黄色通道标志线	
		主要危害	整改措施
		不利于人员撤离	限期整改 按规定划线

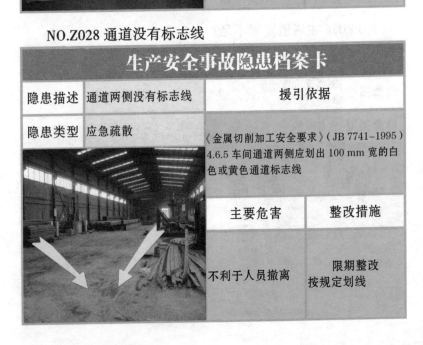

NO.Z029 堆垛高度高

生产安全事故隐患档案卡

隐患描述	物品堆放高度高于 1 200 mm	援引依据	
隐患类型	作业防护	《金属切削加工安全要求》（JB 7741–1995）4.6.6 主要通道两边堆码的物品高度不应超过 1 200 mm，且高与底面宽度之比不应大于 3，堆垛间距不应小于 500 mm	
		主要危害	整改措施
		影响搬运及操作	限期整改 按规定对货物重新堆放

NO.Z030 堆垛间距小（一）

生产安全事故隐患档案卡

隐患描述	堆垛间距小于 500 mm	援引依据	
隐患类型	作业防护	《金属切削加工安全要求》（JB 7741–1995）4.6.6 主要通道两边堆码的物品高度不应超过 1 200 mm，且高与底面宽度之比不应大于 3，堆垛间距不应小于 500 mm	
		主要危害	整改措施
		影响搬运及操作	限期整改 按规定对货物重新堆放

NO.Z031 皮带没有防护罩

生产安全事故隐患档案卡		
隐患描述	传动装置没有保护罩	援引依据
隐患类型	作业防护	《金属切削加工安全要求》（JB 7741–1995）5.1.2 操作者在加工前应全面检查所用设备的安全防护装置是否完好、有效，发现问题必须及时找有关人员解决
	主要危害	整改措施
	容易发生伤人事故	限期整改 按规定加装防护罩

NO.Z032 设备开关被拆下

生产安全事故隐患档案卡		
隐患描述	设备开关被拆下	援引依据
隐患类型	机械安全	《金属切削加工安全要求》（JB 7741–1995）5.9.7 机床的电气部分和安全防护装置不得随意拆卸
	主要危害	整改措施
	容易误碰造成设备启动	停工整改 按规定将开关装回设备

NO.Z033 设备防护装置被拆下（一）

生产安全事故隐患档案卡

隐患描述	防护装置被拆卸	援引依据	
隐患类型	作业防护	《金属切削加工安全要求》（JB 7741–1995）5.9.7 机床的电气部分和安全防护装置不得随意拆卸	
		主要危害	整改措施
		容易发生伤人事故	立即整改 按规定将防护装置装回原位

NO.Z034 设备防护装置被拆下（二）

生产安全事故隐患档案卡

隐患描述	防护装置被拆卸	援引依据	
隐患类型	作业防护	《金属切削加工安全要求》（JB 7741–1995）5.9.7 机床的电气部分和安全防护装置不得随意拆卸	
		主要危害	整改措施
		容易发生伤人事故	立即整改 按规定将防护装置装回原位

NO.Z035 起吊重物时附近有人

生产安全事故隐患档案卡		
隐患描述	起吊重物时附近有人	援引依据
隐患类型	作业防护	《金属切削加工安全要求》（JB 7741–1995）6.3 用吊车起吊重物时，周围应有一定的安全空间，在吊运过程中，重物下面和附近不得有人
		主要危害 / 整改措施
		主要危害
		容易发生坠物伤人	立即整改 将人员撤离后再进行起吊作业

NO.Z036 作业人员戴手套操作机床

生产安全事故隐患档案卡		
隐患描述	作业人员戴手套操作机床	援引依据
隐患类型	作业防护	《金属切削加工安全要求》（JB 7741–1995）7.1 在切削加工车间工作的人员，必须按规定穿戴有关劳动保护用品。机床运行时不得戴手套操作
		主要危害 / 整改措施
		主要危害
		容易发生手被绞伤	立即整改 脱掉手套后再操作机床

NO.Z037 未设人行走桥

生产安全事故隐患档案卡

隐患描述	没设置人行走桥	援引依据	
隐患类型	作业防护	《机械工业职业安全卫生设计规范》(JBJ 18-2000) 3.1.5 生产线辊道、带式运输机等运输设备，在人员横跨处，应设带栏杆的人行走桥	
		主要危害	**整改措施**
		容易发生皮带伤人事故	限期整改 按规定设置人行走桥

NO.Z038 手柄缺少护套

生产安全事故隐患档案卡

隐患描述	操作手柄缺少护套	援引依据	
隐患类型	作业防护	《家用和类似用途电器的安全 第1部分：通用要求》(GB 4706.1-2005) 22.35 对于非Ⅲ类结构，在正常作用中握持或操纵的手柄、操纵杆或旋钮是金属制成的，则应该用绝缘材料充分地覆盖这些部件	
		主要危害	**整改措施**
		容易发生触电事故	立即整改 对操作手柄加装绝缘护套

NO.Z039 吊钩防护罩不全

<table>
<tr><td colspan="4" align="center">生产安全事故隐患档案卡</td></tr>
<tr><td>隐患描述</td><td>钢丝绳防护罩不全</td><td colspan="2" align="center">援引依据</td></tr>
<tr><td>隐患类型</td><td>作业防护</td><td colspan="2" rowspan="2">《起重机械吊具与索具安全规程》（LD 48–1993）4.1 吊具上外露有伤人可能的活动零部件，应装设防护罩；露天使用的吊具，其结构应避免积水，吊具上的电气设备一般应为防水型，否则应有防水措施</td></tr>
<tr><td colspan="2" rowspan="3"></td></tr>
<tr><td align="center">主要危害</td><td align="center">整改措施</td></tr>
<tr><td>容易造成人员被钢丝绳绞伤</td><td align="center">限期整改
按规定设置完整的防护罩</td></tr>
</table>

NO.Z040 吊钩缺少卡扣

<table>
<tr><td colspan="4" align="center">生产安全事故隐患档案卡</td></tr>
<tr><td>隐患描述</td><td>吊钩缺少卡扣</td><td colspan="2" align="center">援引依据</td></tr>
<tr><td>隐患类型</td><td>机械安全</td><td colspan="2" rowspan="2">《起重机械吊具与索具安全规程》（LD 48–1993）7.1.2.4 环眼吊钩应设有防止吊重意外脱钩的闭锁装置；其他吊钩宜设该装置</td></tr>
<tr><td colspan="2" rowspan="3"></td></tr>
<tr><td align="center">主要危害</td><td align="center">整改措施</td></tr>
<tr><td>容易发生起吊货物坠落</td><td align="center">限期整改
加装卡扣</td></tr>
</table>

NO.Z041 吊钩卡扣失效

生产安全事故隐患档案卡		
隐患描述	吊钩卡扣失效	援引依据
隐患类型	机械安全	《起重机械吊具与索具安全规程》（LD 48–1993）7.1.2.4 环眼吊钩应设有防止吊重意外脱钩的闭锁装置；其他吊钩宜设该装置
		主要危害 / 整改措施
	容易发生起吊货物坠落	立即整改 将卡扣置于有效位置

NO.Z042 钢丝绳吊索断丝

生产安全事故隐患档案卡		
隐患描述	钢丝绳断丝	援引依据
隐患类型	机械安全	《起重机械吊具与索具安全规程》（LD 48–1993）11.4.16 索眼表面出现集中断丝，或断丝集中在金属套管、插接处附近、插接连接绳股中的钢丝绳吊索应停止使用、维修、更换或报废
		主要危害 / 整改措施
	容易因钢丝绳断裂发生高空坠物	立即整改 更换钢丝绳

NO.Z043 链条重复缠绕

生产安全事故隐患档案卡

隐患描述	链条重复缠绕吊钩	援引依据	
隐患类型	机械安全	《起重机械吊具与索具安全规程》（LD 48–1993）14.7.3.6 使用吊链提升物品时，应禁止链条围绕起重吊钩重复缠绕	
		主要危害	整改措施
		容易发生起吊物摇晃，甚至高空坠落	立即整改 按规定进行链条缠绕

NO.Z044 标志牌顺序错误

生产安全事故隐患档案卡

隐患描述	标志牌顺序错误	援引依据	
隐患类型	作业防护	《安全标志及其使用导则》（GB 2894–2008）9.5 多个标志牌在一起设置时，应按警告、禁止、指令、提示类型的顺序，先左后右、先上后下地排列	
		主要危害	整改措施
		不利于人员防护及逃生	立即整改 按规定重新排序

NO.Z045 皮带缺少防护罩（二）

生产安全事故隐患档案卡

隐患描述	传动装置没有设置防护罩	援引依据	
隐患类型	作业防护	《木工机械 安全使用要求》（AQ 7005-2008）4.5.1 裸露的传动装置（如带和带轮、链和链轮、变速齿轮等）应设置防护装置	
		主要危害	整改措施
		可能碰伤、绞伤人	限期整改 按照规定对传动装置加装防护罩

NO.Z046 缺少吸尘设备

生产安全事故隐患档案卡

隐患描述	没有收集粉尘和木屑的吸尘设备	援引依据	
隐患类型	作业防护	《木工机械 安全使用要求》（AQ 7005-2008）4.6.1 加工木材的木工机械应配置收集粉尘和木屑的单机吸尘设备或连接集中吸尘设备	
		主要危害	整改措施
		致使作业人员患职业病	限期整改 按照规定安装吸尘设备

NO.Z047 圆锯未设防护罩

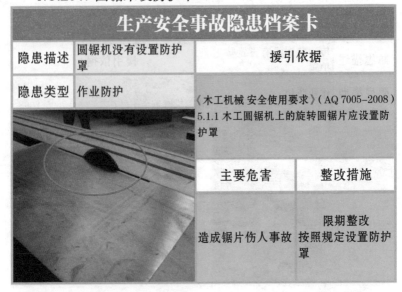

生产安全事故隐患档案卡		
隐患描述	圆锯机没有设置防护罩	援引依据
隐患类型	作业防护	《木工机械 安全使用要求》（AQ 7005–2008） 5.1.1 木工圆锯机上的旋转圆锯片应设置防护罩
	主要危害	整改措施
	造成锯片伤人事故	限期整改 按照规定设置防护罩

NO.Z048 圆锯未设分料刀

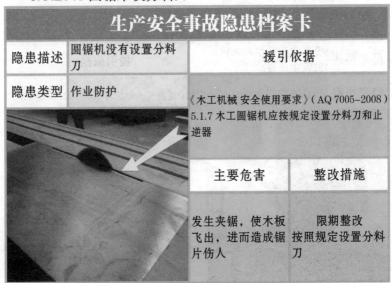

生产安全事故隐患档案卡		
隐患描述	圆锯机没有设置分料刀	援引依据
隐患类型	作业防护	《木工机械 安全使用要求》（AQ 7005–2008） 5.1.7 木工圆锯机应按规定设置分料刀和止逆器
	主要危害	整改措施
	发生夹锯，使木板飞出，进而造成锯片伤人	限期整改 按照规定设置分料刀

NO.Z049 设备缺少急停装置

生产安全事故隐患档案卡

隐患描述	没有设置急停装置	援引依据	
隐患类型	作业防护	《木工机械 安全使用要求》（AQ 7005-2008）5.1.8 机器必须设有急停操纵装置	
		主要危害	整改措施
		一旦发生意外不能及时进行停机	限期整改 按规定加装急停操纵装置

NO.Z050 照明灯表面有污垢

生产安全事故隐患档案卡

隐患描述	照明灯表面污垢多	援引依据	
隐患类型	电气隐患	《木工（材）车间安全生产通则》（GB 15606-2008）4.3.5 照明器应定期维修保养，保持表面清洁	
		主要危害	整改措施
		加大火灾发生概率	立即整改 清洁照明灯的表面

NO.Z051 车间未划区域线

生产安全事故隐患档案卡

隐患描述	木工车间内功能区域没有用区域线划分	援引依据	
隐患类型	作业防护	《木工（材）车间安全生产通则》（GB 15606–2008）5.1.1 木工车间各功能区域应用区域线划分	
		主要危害	**整改措施**
		相互影响，加大发生事故概率	限期整改按规定划区域线

NO.Z052 车间地面杂物多（一）

生产安全事故隐患档案卡

隐患描述	车间地面杂物多	援引依据	
隐患类型	消防安全	《木工（材）车间安全生产通则》（GB 15606–2008）5.1.3 车间地面应经常保持清洁。在工作地周围地面上，不允许存放与生产无关的物料	
		主要危害	**整改措施**
		容易发生火灾	立即整改清理地面，并保持地面清洁

NO.Z053 车间地面杂物多（二）

生产安全事故隐患档案卡

隐患描述	车间地面杂物多	援引依据	
隐患类型	消防安全	《木工（材）车间安全生产通则》（GB 15606–2008）5.1.3 车间工作地面应经常保持清洁。在工作地周围地面上，不允许存放与生产无关的物料	
		主要危害	**整改措施**
		容易发生火灾	立即整改清理杂物，并保持地面清洁

NO.Z054 车间材料未码放

生产安全事故隐患档案卡

隐患描述	材料没有堆码放置	援引依据	
隐患类型	应急疏散	《木工（材）车间安全生产通则》（GB 15606–2008）5.3.2 木工车间原材料、加工（半）成品宜堆码放置	
		主要危害	**整改措施**
		一旦发生意外不能及时逃生	立即整改将原材料和加工成品分类堆码

NO.Z055 木板顺茬堆放

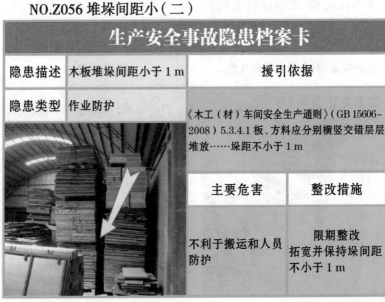

生产安全事故隐患档案卡		
隐患描述	木板顺茬堆放	援引依据
隐患类型	其他类	《木工（材）车间安全生产通则》（GB 15606–2008）5.3.4.1 板、方料应分别横竖交错层层堆放……垛距不小于 1 m
	主要危害	整改措施
	堆垛容易发生倾倒	限期整改 按规定将木板横竖交错堆放

NO.Z056 堆垛间距小（二）

生产安全事故隐患档案卡		
隐患描述	木板堆垛间距小于 1 m	援引依据
隐患类型	作业防护	《木工（材）车间安全生产通则》（GB 15606–2008）5.3.4.1 板、方料应分别横竖交错层层堆放……垛距不小于 1 m
	主要危害	整改措施
	不利于搬运和人员防护	限期整改 拓宽并保持垛间距不小于 1 m

NO.Z057 材料堆放在滚动楞腿上

生产安全事故隐患档案卡

隐患描述	板材堆放在滚动楞腿上	援引依据	
隐患类型	其他类	《木工（材）车间安全生产通则》（GB 15606–2008）5.3.4.2 板、方料应堆放在不滚动的楞腿上……楞腿间距不宜大于 1 m，楞腿高度应大于 100 mm	
		主要危害	**整改措施**
		板材容易滚下、倾倒	限期整改 将板材堆放在不滚动的楞腿上

NO.Z058 主通道宽度不足（二）

生产安全事故隐患档案卡

隐患描述	木工车间的主通道宽度不足 2 m	援引依据	
隐患类型	作业防护	《木工（材）车间安全生产通则》（GB 15606–2008）5.4.1 木工车间内宜设有贯穿车间的纵横通道。主通道最窄处不得小于 2 m	
		主要危害	**整改措施**
		不利于搬运和人员防护	限期整改 拓宽主通道

NO.Z059 疏散通道宽度不足

生产安全事故隐患档案卡

隐患描述	安全疏散通道宽度小于 1.4 m	援引依据	
隐患类型	应急疏散	《木工（材）车间安全生产通则》（GB 15606–2008）5.4.2 单独用作安全疏散用的通道，其最小宽度不得小于 1.4 m	
		主要危害	整改措施
		不利于人员撤离	限期整改 按规定拓宽安全疏散通道

NO.Z060 缺少灭火器材

生产安全事故隐患档案卡

隐患描述	木工车间缺少灭火器	援引依据	
隐患类型	消防安全	《木工（材）车间安全生产通则》（GB 15606–2008）6.2.7 木工车间内应在明显并便于取用处放置消火栓、砂箱及相应灭火器	
		主要危害	整改措施
		发生火灾不利于及时扑灭	立即整改 按规定设置灭火器材

NO.Z061 安全出口门向内开

生产安全事故隐患档案卡		
隐患描述	木工车间安全出口的门向里开	援引依据
隐患类型	应急疏散	
		《木工（材）车间安全生产通则》（GB 15606–2008）6.2.8 木工车间的安全出口的门须往外开，不得设门坎和台阶
		主要危害 整改措施
		不利于人员撤离 限期整改 将门改为向外开

NO.Z062 车间缺少严禁烟火标志

生产安全事故隐患档案卡		
隐患描述	进口处没有设置严禁烟火的标志	援引依据
隐患类型	消防安全	
		《木工（材）车间安全生产通则》（GB 15606–2008）6.2.10 木工车间应在进口处的明显位置设有醒目的严禁烟火的标志。车间内作业场所严禁吸烟和使用明火
		主要危害 整改措施
		容易发生火灾 立即整改 在进口处的明显位置设置严禁烟火的标志

第七篇

其 他 类

NO.Q001 梯子有棱角、毛刺

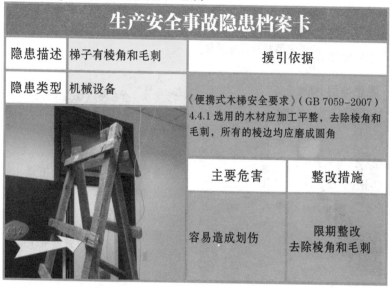

生产安全事故隐患档案卡

隐患描述	梯子有棱角和毛刺	援引依据	
隐患类型	机械设备	《便携式木梯安全要求》（GB 7059-2007）4.4.1 选用的木材应加工平整，去除棱角和毛刺，所有的棱边均应磨成圆角	
		主要危害	**整改措施**
		容易造成划伤	限期整改 去除棱角和毛刺

NO.Q002 踏板间距不均（一）

生产安全事故隐患档案卡

隐患描述	梯棍间距不相等	援引依据	
隐患类型	机械设备	《便携式木梯安全要求》（GB 7059-2007）4.10 各踏棍应相互平行且间距相等	
		主要危害	**整改措施**
		不利于攀登使用	限期整改 按等距离增加梯棍

NO.Q003 底部踏板无金属角撑

生产安全事故隐患档案卡

隐患描述	梯子底部踏板无金属角撑	援引依据	
隐患类型	机械设备	《便携式木梯安全要求》（GB 7059-2007）6.5.5 所有级别梯子的底部踏板，均应在每一端带有金属角撑	
		主要危害	整改措施
		梯子强度不够	限期整改增设金属角撑

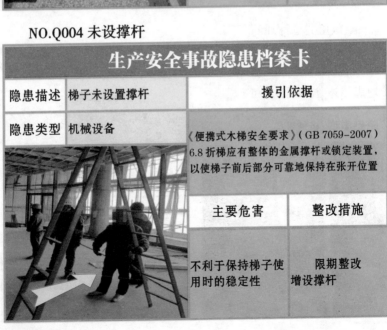

NO.Q004 未设撑杆

生产安全事故隐患档案卡

隐患描述	梯子未设置撑杆	援引依据	
隐患类型	机械设备	《便携式木梯安全要求》（GB 7059-2007）6.8 折梯应有整体的金属撑杆或锁定装置，以使梯子前后部可靠地保持在张开位置	
		主要危害	整改措施
		不利于保持梯子使用时的稳定性	限期整改增设撑杆

NO.Q005 两人同时爬梯子

生产安全事故隐患档案卡

隐患描述	两人同时攀爬梯子	援引依据	
隐患类型	机械设备	《便携式木梯安全要求》（GB 7059-2007）7.2.1.2 梯子不应同时由一人以上攀登	
		主要危害	整改措施
		梯子稳定性不能保障	立即整改 由一人使用

NO.Q006 折梯合拢使用

生产安全事故隐患档案卡

隐患描述	折梯在合拢状态下使用	援引依据	
隐患类型	机械设备	《便携式木梯安全要求》（GB 7059-2007）7.2.1.3 折梯不应作为单梯使用或在合拢状态使用	
		主要危害	整改措施
		梯子稳定性不能保障	立即整改 按要求使用

NO.Q007 违规站在顶部踏板

生产安全事故隐患档案卡

隐患描述	违规站在梯子顶部踏板上	援引依据	
隐患类型	机械设备	《便携式木梯安全要求》（GB 7059-2007）7.2.2.2 使用者不应站立在折梯顶帽或支架梯顶部踏板	
		主要危害	整改措施
		容易发生滑倒坠落事故	立即整改按规范使用

NO.Q008 梯子作其他用途（一）

生产安全事故隐患档案卡

隐患描述	梯子作为非预定用途使用	援引依据	
隐患类型	机械设备	《便携式木梯安全要求》（GB 7059-2007）7.2.9.1 梯子不应被用作支撑物、滑道等非预定的用途	
		主要危害	整改措施
		产生预期之外的风险	立即整改按照规定用途使用梯子

NO.Q009 梯子作其他用途（二）

生产安全事故隐患档案卡

隐患描述	梯子作为非预定用途使用	援引依据	
隐患类型	机械设备	《便携式木梯安全要求》（GB 7059-2007）7.2.9.1 梯子不应被用作支撑物、滑道等非预定的用途	
		主要危害	整改措施
		产生预期之外的风险	立即整改 按照规定用途使用梯子

NO.Q010 单梯连接加长

生产安全事故隐患档案卡

隐患描述	单梯连接增加工作长度	援引依据	
隐患类型	机械设备	《便携式木梯安全要求》（GB 7059-2007）7.2.9.2 不应将单梯连接或固定在一起以加大工作长度	
		主要危害	整改措施
		梯子强度和稳定性不能保障	立即整改 使用合格的梯子

NO.Q011 梯子未置于支架上

生产安全事故隐患档案卡

隐患描述	梯子未放在专用支架上	援引依据	
隐患类型	机械设备	《便携式木梯安全要求》（GB 7059-2007）7.3.4 梯子停用时，应存放在专用的放置支架上	
		主要危害	**整改措施**
		不利于梯子保护	立即整改 制作梯子支架

NO.Q012 梯上放置物料

生产安全事故隐患档案卡

隐患描述	梯子存放时承载其他物件	援引依据	
隐患类型	机械设备	《便携式木梯安全要求》（GB 7059-2007）7.3.4 梯子存放时，其他材料不应放在其上	
		主要危害	**整改措施**
		不利于梯子保护	立即整改 清除其他物件

NO.Q013 斜梯腿部变形

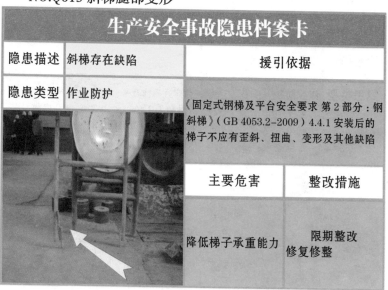

生产安全事故隐患档案卡

隐患描述	斜梯存在缺陷	援引依据	
隐患类型	作业防护	《固定式钢梯及平台安全要求 第2部分：钢斜梯》（GB 4053.2-2009）4.4.1 安装后的梯子不应有歪斜、扭曲、变形及其他缺陷	
		主要危害	**整改措施**
		降低梯子承重能力	限期整改修复修整

NO.Q014 踏板间距不均（二）

生产安全事故隐患档案卡

隐患描述	踏板间距不均等	援引依据	
隐患类型	作业防护	《固定式钢梯及平台安全要求 第2部分：钢斜梯》（GB 4053.2-2009）5.3.2 在同一梯段所有踏板间距应相同	
		主要危害	**整改措施**
		爬梯时存在跌倒风险	限期整改均匀设置踏板

NO.Q015 梯子未设置扶手（一）

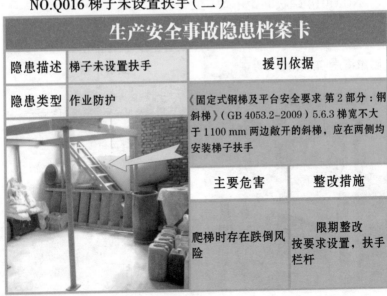

生产安全事故隐患档案卡		
隐患描述	梯子未设置扶手	援引依据
隐患类型	作业防护	《固定式钢梯及平台安全要求 第2部分：钢斜梯》（GB 4053.2-2009）5.6.3 梯宽不大于1100 mm两边敞开的斜梯，应在两侧均安装梯子扶手
	主要危害	整改措施
	爬梯时存在跌倒风险	限期整改按要求设置扶手栏杆

NO.Q016 梯子未设置扶手（二）

生产安全事故隐患档案卡		
隐患描述	梯子未设置扶手	援引依据
隐患类型	作业防护	《固定式钢梯及平台安全要求 第2部分：钢斜梯》（GB 4053.2-2009）5.6.3 梯宽不大于1100 mm两边敞开的斜梯，应在两侧均安装梯子扶手
	主要危害	整改措施
	爬梯时存在跌倒风险	限期整改按要求设置，扶手栏杆

NO.Q017 平台缺少防护栏

生产安全事故隐患档案卡		
隐患描述	通道一侧未安装防护栏杆	援引依据
隐患类型	作业防护	《固定式钢梯及平台安全要求 第3部分：工业防护栏杆及钢平台》（GB 4053.2–2009） 4.1.1 距下方相邻地板或地面 1.2 m 及以上的平台、通道或工作面的所有敞开边缘应设置防护栏杆
		主要危害 | 整改措施
		跌落危险 | 限期整改 安装防护栏杆

NO.Q018 平台缺少踢脚板（一）

生产安全事故隐患档案卡		
隐患描述	工作平台未设置踢脚板	援引依据
隐患类型	作业防护	《固定式钢梯及平台安全要求 第3部分：工业防护栏杆及钢平台》（GB 4053.3–2009）4.1.2 在平台、通道或工作面上可能使用工具、机器部件或物品场合，应在所有敞开边缘设置带踢脚板的防护栏杆
		主要危害 | 整改措施
		工具跌落危险 | 限期整改 安装踢脚板

NO.Q019 平台缺少踢脚板（二）

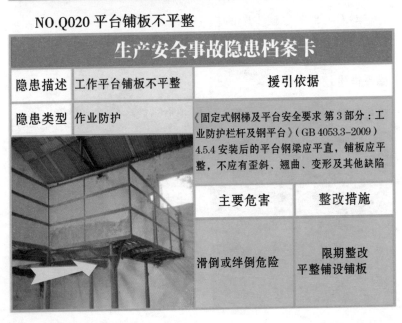

生产安全事故隐患档案卡		
隐患描述	工作平台未设置踢脚板	**援引依据**
隐患类型	作业防护	《固定式钢梯及平台安全要求 第3部分：工业防护栏杆及钢平台》（GB 4053.3–2009）4.1.2 在平台、通道或工作面上可能使用工具、机器部件或物品场台，应在所有敞开边缘设置带踢脚板的防护栏杆
	主要危害	**整改措施**
	工具跌落危险	限期整改 安装踢脚板

NO.Q020 平台铺板不平整

生产安全事故隐患档案卡		
隐患描述	工作平台铺板不平整	**援引依据**
隐患类型	作业防护	《固定式钢梯及平台安全要求 第3部分：工业防护栏杆及钢平台》（GB 4053.3–2009）4.5.4 安装后的平台钢梁应平直，铺板应平整，不应有歪斜、翘曲、变形及其他缺陷
	主要危害	**整改措施**
	滑倒或绊倒危险	限期整改 平整铺设铺板

NO.Q021 平台未采取防锈防腐措施

生产安全事故隐患档案卡

隐患描述	工作平台未采取防锈防腐措施	援引依据	
隐患类型	作业防护	《固定式钢梯及平台安全要求 第3部分：工业防护栏杆及钢平台》（GB 4053.3-2009）4.6.3 防护栏杆及钢平台安装后，应对其至少涂一层底漆和一层面漆或采用等效的防锈防腐涂装	
		主要危害	整改措施
		降低平台强度	限期整改防锈防腐涂装

NO.Q022 防护栏高度不足

生产安全事故隐患档案卡

隐患描述	防护栏杆高度小于900 mm	援引依据	
隐患类型	作业防护	《固定式钢梯及平台安全要求 第3部分：工业防护栏杆及钢平台》（GB 4053.3-2009）5.2.1 当平台、通道及作业场所距基准面高度小于2 m时，防护栏杆高度应不低于900 mm	
		主要危害	整改措施
		降低栏杆防护能力	限期整改按标准设置栏杆高度

NO.Q023 防护拦高度不足

生产安全事故隐患档案卡

隐患描述	防护栏杆高度小于 1 050 mm	援引依据	
隐患类型	作业防护	《固定式钢梯及平台安全要求 第3部分：工业防护栏杆及钢平台》（GB 4053.3-2009）5.2.2 在距基准面高度大于 2 m 并小于 20 m 的平台、通道及作业场所的防护栏杆高度应不低于 1 050 mm	
		主要危害	**整改措施**
		降低栏杆防护能力	限期整改 按标准设置栏杆高度

NO.Q024 缺少中间栏杆（一）

生产安全事故隐患档案卡

隐患描述	未设置中间栏杆	援引依据	
隐患类型	作业防护	《固定式钢梯及平台安全要求 第3部分：工业防护栏杆及钢平台》（GB 4053.3-2009）5.4.1 在扶手和踢脚板之间，应至少设置一道中间栏杆	
		主要危害	**整改措施**
		降低栏杆防护能力	限期整改 加装中间栏杆

NO.Q025 缺少中间栏杆（二）

生产安全事故隐患档案卡

隐患描述	未设置中间栏杆	援引依据
隐患类型	作业防护	《固定式钢梯及平台安全要求 第3部分：工业防护栏杆及钢平台》（GB 4053.3-2009） 5.4.1 在扶手和踢脚板之间，应至少设置一道中间栏杆

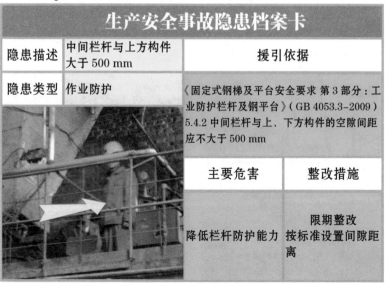

主要危害	整改措施
降低栏杆防护能力	限期整改 加装中间栏杆

NO.Q026 中间栏杆与上方构件距离远

生产安全事故隐患档案卡

隐患描述	中间栏杆与上方构件大于500 mm	援引依据
隐患类型	作业防护	《固定式钢梯及平台安全要求 第3部分：工业防护栏杆及钢平台》（GB 4053.3-2009） 5.4.2 中间栏杆与上、下方构件的空隙间距应不大于500 mm

主要危害	整改措施
降低栏杆防护能力	限期整改 按标准设置间隙距离

NO.Q027 防护栏立柱间距大

生产安全事故隐患档案卡

隐患描述	立柱间距大于 1 000 mm	援引依据
隐患类型	作业防护	《固定式钢梯及平台安全要求 第3部分：工业防护栏杆及钢平台》（GB 4053.3-2009）5.5.1 防护栏杆端部应设置立柱，立柱间距应不大于 1 000 mm

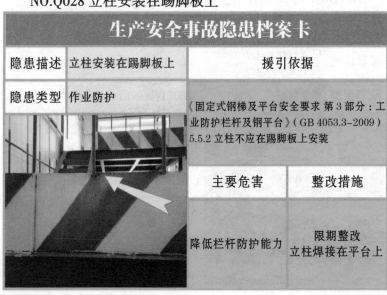

主要危害	整改措施
降低栏杆防护能力	限期整改 按标准设置间隙距离

NO.Q028 立柱安装在踢脚板上

生产安全事故隐患档案卡

隐患描述	立柱安装在踢脚板上	援引依据
隐患类型	作业防护	《固定式钢梯及平台安全要求 第3部分：工业防护栏杆及钢平台》（GB 4053.3-2009）5.5.2 立柱不应在踢脚板上安装

主要危害	整改措施
降低栏杆防护能力	限期整改 立柱焊接在平台上

索 引

H（焊接与热切割类）

NO.H

J（建筑施工类）

NO.J

Q（其 他 类）

NO.Q

W（危险化学品类）

NO.W

X（消 防 类）

NO.X

Z（制造加工类）

NO.Z

337